ISBN 978-3-0348-4041-5   ISBN 978-3-0348-4113-9 (eBook)
DOI 10.1007/978-3-0348-4113-9

Mitteilungen aus dem Institut für angewandte Mathematik

AN DER EIDGENÖSSISCHEN TECHNISCHEN HOCHSCHULE IN ZÜRICH

HERAUSGEGEBEN VON PROF. DR. E. STIEFEL

Nr. 2

Programmgesteuerte digitale Rechengeräte

(elektronische Rechenmaschinen)

von

Heinz Rutishauser · Ambros Speiser

Eduard Stiefel

Separatdruck aus der
Zeitschrift für angewandte Mathematik und Physik (ZAMP)

Springer Basel AG

1951

ISBN 978-3-0348-4041-5   ISBN 978-3-0348-4113-9 (eBook)
DOI 10.1007/978-3-0348-4113-9

VORWORT

Seit dem Bau der ersten programmgesteuerten Rechenmaschinen in den Vereinigten Staaten haben sich die mathematischen und technischen Grundlagen für die Bedienung und Konstruktion dieser Geräte stark entwickelt. Eine zusammenfassende Darstellung des ganzen Gebietes war daher erwünscht. Der vorliegende Bericht ist ein Abdruck mehrerer Artikel, die in der « Zeitschrift für angewandte Mathematik und Physik» (ZAMP) erschienen sind, und er verfolgt den Zweck, einem weiteren Leserkreis des deutschen Sprachgebiets eine kurzgefaßte Übersicht und erste Hilfe für das Studium der Spezialliteratur zu geben.

Es ist dem Schweizerischen Schulrat und der Eidgenössischen Stiftung zur Förderung schweizerischer Volkswirtschaft durch wissenschaftliche Forschung zu verdanken, daß an der ETH. eine programmgesteuerte Rechenmaschine in Betrieb ist. Unsere ersten Erfahrungen bei der Arbeit mit diesem Gerät haben auch ihren Niederschlag in diesem Bericht gefunden.

Meine beiden Assistenten Dr. RUTISHAUSER und Dr. SPEISER haben einzelne Teile selbständig bearbeitet; ich danke ihnen herzlich für ihre Mitarbeit.

Zürich, 13. Februar 1951

E. Stiefel

INHALTSVERZEICHNIS

§ 1. Grundlagen und wissenschaftliche Bedeutung

1.1. Der vorliegende Bericht soll eine zusammenfassende Darstellung der
Erfahrungen geben, die von den drei Verfassern während ihrer Studienauf-
enthalte in den angelsächsischen Ländern und in Deutschland 1948/49 gesam-
melt wurden; er ist ferner als Versuch zu werten, durch Schilderung der Leistungsfähigkeit der großen Maschinen und der mathematisch-technischen
Grundlagen für ihre Bedienung einen weiteren Kreis von Lesern in das Arbeiten
mit derartigen Geräten einzuführen. Da nämlich in vielen Instituten für numerische Mathematik programmgesteuerte Maschinen im Bau oder schon voll-
endet sind, kann jeder in den Anwendungsgebieten der Mathematik tätige
Wissenschaftler in die Lage kommen, die maschinelle Hilfe eines solchen Insti-
tuts suchen zu müssen. Es ist dann gut, wenn er — um einen Ausdruck von
D. R. HARTREE ([39][1]), Lecture 5) zu brauchen — «the Machine's-eye view»
kennt, das heißt imstande ist, sein Problem so zu sehen, wie die Maschine es
tut, wenn sie auf Grund der ihr gegebenen Instruktionen zu laufen beginnt und
ohne menschlichen Eingriff bis zur Lösung des Problems weiterlaufen soll.

Um zur Definition unseres Gegenstandes überzugehen, müssen wir zunächst
einige Worte über den Unterschied zwischen *digitalen Maschinen* und *Analogie-
geräten* sagen. Der numerische Wert «zehn» kann entweder dargestellt werden
durch das Zeichen 10 als Ziffernfolge des Dezimalsystems (aber auch in einem
andern Zahlsystem, z. B. als L0L0 im Dualsystem), oder dann durch eine physikalische Größe (Länge, Stromstärke usw.), die das Zehnfache ihrer Grund-
einheit beträgt. Wir befassen uns ausschließlich mit Geräten, welche die erste
Darstellungsart benutzen, also digital, das heißt mit Ziffern rechnen. Die einfachste Realisierung sind Bürorechenmaschinen[2]). Demgegenüber benutzen Analogiegeräte, wie der Rechenschieber, Integrieranlagen, elektrische Netzwerke,
die zweite, physikalische Art der Darstellung. Resultate erscheinen bei ihnen
als Zeigerstellung auf einer Skala oder direkt als gezeichnete oder projizierte
Kurven, die einen Funktionsverlauf graphisch darstellen. Sie heißen Analogiegeräte, weil sie ein Problem lösen mit Hilfe von physikalischen Vorgängen, die
auf denselben mathematischen Formeln und Gleichungen beruhen wie das
Problem selbst, diesem also mathematisch analog sind. Hervorzuheben ist, daß
diese beiden Gerätesorten sich nicht konkurrenzieren, sondern sich gegenseitig
ergänzen sollen. Man kann zum Beispiel lineare Gleichungen auflösen, indem
man abwechselnd Näherungswerte mit Hilfe der digitalen Maschine in die Gleichungen einsetzt und diese dann durch ein Analogiegerät verbessert.

---

[1]) Die Zahlen in den eckigen Klammern beziehen sich auf das Literaturverzeichnis auf S. 100.

[2]) Man erlaube uns, dieses Wort an Stelle der klareren englischen Bezeichnung «desk calculator»
zu verwenden; wir meinen damit im ganzen Artikel die handelsüblichen — handgetriebenen oder
vollautomatischen — Rechenmaschinen vom Typus *Madas, Monroe* usw.

Eine Bürorechenmaschine kann addieren, subtrahieren, multiplizieren und dividieren. Auch die Maschinen, über die wir berichten — wir nennen sie auch *Rechenautomaten* —, sind hinsichtlich ihrer arithmetischen Fähigkeiten genau gleichgestellt; *auch sie können nur die vier Grundoperationen ausführen.* Jedoch sollen sie — und dies ist entscheidender Unterschied und wesentlicher Fortschritt — *programmgesteuert* sein; es soll also möglich sein, eine längere Kette von solchen Grundoperationen nach einem *Rechenplan* vollautomatisch abzuwickeln. Dies bedingt sofort folgende weitere Organe in der Maschine: erstens muß ein *Zahlenspeicher* vorhanden sein, in welchem gegebene Zahlen der Rechnung und Zwischenresultate aufgespeichert werden können; sodann müssen durch ein *Leitwerk* die einzelnen Rechenoperationen sowie die Transfere vom Speicher ins Rechenwerk und umgekehrt ausgelöst werden.

1.2. Bei den Lochkartenmaschinen vom Typus Hollerith wird der Rechenplan vor Beginn der Rechnung in die Maschine gegeben, indem man auf einem Schaltbrett elektrische Verbindungen herstellt. Meistens jedoch erlaubt die Struktur komplizierterer mathematischer Probleme diese etwas starre Arbeitsweise nicht; die Maschine muß auch die Möglichkeit haben, Befehle, die nicht mehr vorkommen, *vergessen* zu können. Man ist daher dazu übergegangen, die einzelnen Befehle des Rechenplans unter Benutzung einer Verschlüsselung ebenfalls als Zahlen (genauer als Ziffernfolgen) zu schreiben und sie entweder der Maschine sukzessive durch einen oder mehrere Lochstreifen (magnetisches Stahlband usw.) zuzuführen oder sie wie die Rechengrößen in einem *Befehlsspeicher* aufzubewahren. Oft ist der Befehlsspeicher mit dem Zahlenspeicher identisch, so daß ein Rechnen mit Befehlen (vgl. § 4.6)[1] möglich wird. Ein Beispiel dazu: Es soll die Funktion $y = a x$ tabelliert werden. Die gegebenen Werte x_1, x_2, ... des Arguments mögen in den Zellen Nr. 1, 2, ... usw. des Speichers stehen. Zur Berechnung von y_1 wird der Befehl (er sei in der Zelle Nr. 100 des Speichers magaziniert) lauten: «Nimm die Zahl aus Zelle Nr. 1 und multipliziere sie mit a.» Der Befehl enthält also eine Zahl, nämlich die «*Adresse*» 1 der Zelle. Um nun weiterzugehen, kann man einen «Superbefehl» verwenden, der lautet: «Addiere zu der in Zelle Nr. 100 stehenden Adresse den Wert 1.» Gelangt nun im nächsten Schritt unser Befehl aus Zelle Nr. 100 wieder zur Anwendung, so wird er jetzt den Argumentwert x_2 herausgreifen und die Multiplikation mit a veranlassen.

Eine hohe Flexibilität in der Befehlsgebung ist auch deswegen anzustreben, weil größere Rechenstrukturen immer in einen Hauptrechenplan und verschiedene Unterpläne zerfallen, die mehrfach wiederholt werden müssen. Muß z. B. während einer Rechnung eine Wurzel gezogen werden, so ist der *Sprungbefehl* zu geben: «Gehe über auf den Unterplan der Wurzelberechnung.» Wird zum Wurzelziehen eine der bekannten Iterationsmethoden verwendet, so muß nur die Befehlsreihe für einen Iterationsschritt in der Maschine sein; sie wird so

---

[1]) Das Zeichen § bezieht sich auf die Abschnitte des vorliegenden Berichts.

oft wiederholt, bis die erstrebte Genauigkeit erreicht ist. Mit anderen Worten: Ist $\varepsilon > 0$ eine gegebene Genauigkeitstoleranz und w_n der n-te von der Maschine errechnete Näherungswert von $\sqrt{a}$, so ist noch $\delta_n = |w_n^2 - a| - \varepsilon$ zu bilden und abzubrechen, sobald δ_n negativ wird. Der Sprungbefehl für das Zurückgehen auf den Hauptplan und Fortführen der allgemeinen Rechnung ist also *bedingt*, das heißt abhängig von dem von der Maschine selbst errechneten Wert δ_n.

Es wurden hier absichtlich einige Komplikationen der Programmgebung vorweggenommen, die später genauer behandelt werden (vgl. § 4). Dies geschah einerseits, um dem Leser den Begriff «programmgesteuert» in seiner ganzen Tragweite näherzubringen, anderseits um zu begründen, warum auch Lochkartenmaschinen im folgenden nicht behandelt werden, obwohl sie wegen ihrer Fähigkeit des raschen Sortierens, Umordnens und Zusammenfassens von Zahlenmaterial, also wegen ihrer Eignung für mengentheoretische und kombinatorische Aufgaben vorzüglich für die Zwecke der mathematischen Statistik verwendbar sind.

1.3. Ein anderer, nicht so grundsätzlicher Fortschritt der Rechenautomaten gegenüber den Bürorechenmaschinen besteht darin, daß durch die Ersetzung der mechanischen Schaltelemente (Sprossenräder, Staffelwalzen) durch elektrische Elemente — speziell Elektronenröhren — die *Rechengeschwindigkeiten* stark erhöht werden konnten. Moderne Maschinen rechnen arithmetische Grundoperationen etwa 300mal schneller als ein Rechner mit der Bürorechenmaschine, und man hat sich überlegt, daß man für die speditive Integration einer partiellen Differentialgleichung mit drei unabhängigen Variabeln etwa 100000mal schneller rechnen sollte als der Mensch. Andererseits hat es sich gezeigt, daß man diese hohen Rechengeschwindigkeiten in zwei wesentlichen Punkten überhaupt noch nicht richtig beherrscht. Einmal ist es schwierig, bei einem mit mehreren tausend Elektronenröhren ausgerüsteten Gerät die nötige *Betriebssicherheit* herzustellen, so daß man beginnen mußte, Kontrollwerke zur Aufdeckung von Rechenfehlern und ausgeklügelte Systeme der mathematischen Überwachung des Rechenvorganges einzubauen [15], [26]. Sodann braucht die Vorbereitung eines Problems durch das wissenschaftliche Personal von der mathematischen Konzeption des physikalischen Sachverhalts bis zur endgültigen Herstellung des Lochstreifens für die Befehle oft ein Mehrfaches der Zeit, die von der Maschine dann für die Durchführung benötigt wird. Die Möglichkeiten, um hier ein vernünftiges Gleichgewicht zu schaffen, beginnen sich erst langsam abzuzeichnen und werden noch mühevolle, aber interessante Jahre der Entwicklung brauchen. Man muß eben auch Teile der Vorbereitung durch spezielle Maschinen erledigen, also es dem Rechenautomaten überlassen, einen vom Mensch gegebenen Gesamtbefehl pyramidenförmig in Teilbefehle aufzulösen. Ein solcher Gesamtbefehl könnte dann etwa lauten: «Berechne das unbestimmte Integral der in der Zellengruppe 1—100 des Speichers stehenden Funktion.» Ein erster Schritt in dieser Richtung wurde getan: In Prof. HOWARD

H. Aikens Maschine «Mark III» (1950) [4], [47] wird die Verschlüsselung des Befehlsstreifens durch eine *Chiffriermaschine* (coding box) besorgt, auf welcher der Mathematiker die einzelnen Rechenoperationen in der normalen mathematischen Formelsprache eintasten kann. Übrigens hatte der deutsche Ingenieur K. Zuse auf seiner im Jahre 1945 fertigen programmgesteuerten Maschine bereits ein ähnliches *Planfertigungsgerät* [36], [66], [67].

Es ist infolge der dargelegten Gründe wohl nicht abwegig, die Entwicklung der Rechenautomaten nicht in der sprunghaften Erhöhung der Rechengeschwindigkeit zu sehen, sondern zunächst an langsameren, aber betriebssicheren Geräten die nötigen Erfahrungen zu sammeln. Diesen Weg hat Aiken bei der Konstruktion seiner Maschinen «Mark I—III» beschritten.

1.4. Es besteht eine dreifache Beziehung der Rechenautomaten zur mathematischen *Logik* und *Logistik*. Erstens haben wir eben ausreichend begründet, daß man auch an die Konstruktion von Automaten denkt, die andere Angaben als Zahlen (etwa Befehle) verarbeiten müssen. Bei diesem Rechnen in allgemeinen *algebraischen Strukturen* sind von den grundlegenden Operationen «&» und «v» des logistischen Aussagenkalküls [29] und den Operationen $\cap$ und $\cup$ der *Verbandstheorie* [14] über das arithmetische Rechnen bis zum Chiffrieren und Auflösen von Gesamtbefehlen grundsätzlich dieselben Schritte in wachsender Kompliziertheit zu machen. Hierher gehören auch die oben erwähnten mengentheoretischen Aufgaben des Sortierens und Auswählens (vgl. [42], ferner J. v. Neumann in [24], Bd. 2, und J. W. Mauchly in [39], Lecture 22) und Operationen wie das Auswählen der größten Zahl unter einer im Speicher stehenden Menge von Zahlen. Zuse hat auf seiner Maschine bereits Knöpfe für die genannten logistischen Grundoperationen und hat auch dem hier angeschnittenen allgemeinen Rechnen bemerkenswerte, zum Teil leider unveröffentlichte Studien gewidmet [65], [67].

Zweitens ist das Vorbereiten eines mathematischen Problems für die Maschine (*Coding* oder *Planfertigung* genannt) weitgehend als Spezialgebiet der Logik anzusehen. Es verlangt dies eine Erforschung der Struktur mathematischer Rechenprozesse und ihrer Übersetzung in die Sprache der Maschine. Diese Theorie ist von J. v. Neumann und Hermann H. Goldstine [24] entwickelt worden; unser § 4 ist ihr gewidmet.

Drittens können die in Rechenautomaten verwendeten elektrischen Schaltungen durch die Symbole des logistischen Aussagenkalküls beschrieben werden (§ 5), und logistisches Rechnen kann daher bei der Planung von Schaltungen helfen. Dies weniger *a priori* als *a posteriori*, wenn es sich darum handelt, festzustellen, ob in einer fertigen Schaltung Elemente eingespart werden können. Theorien dieser Art sind von C. E. Shannon [48] aufgestellt worden[1]; Aiken hat sie durch Herstellung von Tabellen zu einem gebrauchsfähigen Instrument bei der Planung von Rechenautomaten ausgearbeitet [5].

---

[1] Vgl. auch [21], [43].

1.5. Es ist reizvoll, das Leitwerk eines Rechenautomaten mit dem zentralen Nervensystem eines lebenden Organismus zu vergleichen und aus diesem Vergleich zu lernen. N. WIENER [56] ist diesen Beziehungen unter sehr allgemeinen Gesichtspunkten nachgegangen. Es zeigt sich aber, daß sich bis heute aus einem solchen Vergleich für die Konstruktion und Anwendung von programmgesteuerten Maschinen noch kein merklicher Gewinn ergibt. Jede heutige Maschine ist der Typus eines mechanisch-elektrischen Systems, dessen Ablauf vollständig determiniert ist. Sein Zustand zu irgendeiner Zeit t ist vollständig bestimmt durch den Zustand zur Startzeit t_0. Oder um es anders zu sagen: Eine Maschine besitzt niemals Phantasie. Während der Rechner jederzeit ein Urteil über die Plausibilität seiner Rechnung hat, fehlt der Maschine vollständig die Bezugnahme auf eine äußere Realität. Für sie gibt es nur einen amorphen Haufen von Zahlen im Speicher, den sie auf äußeren Zwang hin — nämlich nach dem Rechenplan — verarbeiten muß.

1.6. Ein kurzer *historischer Überblick* über die Entwicklung der Rechenautomaten hat mit den Arbeiten von CHARLES BABBAGE aus London einzusetzen, der um 1850 den Gedanken der Programmsteuerung entwickelt und teilweise in seiner rein mechanisch arbeitenden «Analytical Engine» verwendet hat. Bis 1938 wurden dann fast ausschließlich die Bürorechenmaschinen vervollkommnet und Analogiegeräte für die verschiedensten Spezialzwecke gebaut. Die anschließenden vier Jahre sind gekennzeichnet durch den Bau von Rechenautomaten, die elektromagnetische Relais als Schaltelemente benutzen. (USA. 1943 Relay calculator der Bell Telephone Laboratories. 1944 AIKENS «Mark I» unter Zusammenarbeit mit der «International Business Machines Corp.», wobei noch mechanische Zählwerke dieser Firma verwendet wurden. In Deutschland 1945 ZUSES im Dualsystem rechnende Relaismaschine mit mechanischen Speichern.) Eine Pionierleistung ersten Ranges war dann die schnelle und vollständig elektronisch arbeitende ENIAC, die 1945 von der *Moore School of Electrical Engineering* der University of Pennsylvania für die Zwecke der amerikanischen Armee von J. PRESPER ECKERT, JOHN MAUCHLY und HERMANN H. GOLDSTINE gebaut worden ist [57]. Die seitherigen Entwicklungen sind in technischer Hinsicht hauptsächlich durch das Bestreben gekennzeichnet, die Speicher zu vervollkommnen (vgl. § 5). Während die ENIAC nur zwanzig zehnstellige Zahlen als elektrische Zustände von Elektronenröhren speichern konnte, haben moderne Maschinen schon eine Speicherkapazität von mehreren tausend Zahlen. Andererseits soll die *Suchzeit* verringert werden. (Dies ist die Zeit, welche die Maschine braucht, um eine Zahl aus dem Speicher abzulesen und ins Rechenwerk zu bringen.) Diese Suchzeit bestimmt nämlich im wesentlichen die Arbeitsschnelligkeit der Maschine überhaupt.

In Europa setzen die neueren Konstruktionen zuerst in England ein. (F. C. WILLIAMS entwickelt Speicher aus gewöhnlichen Kathodenstrahlröhren, Maschinen werden im National Physical Laboratory von TURING und WILKIN-

SON gebaut und an der Universität Cambridge von WILKES.) Frankreich (L. COUFFIGNAL [44]), Belgien und Holland bauen Maschinen; Schweden und die Schweiz besitzen je eine Relaismaschine.

Wir können hier aus Platzgründen nicht auf alle neueren amerikanischen Konstruktionen eingehen; wir haben statt dessen die uns zugänglichen Informationen in den *Tabellen* auf S. 96–99 zusammengestellt.

1.71. Der Rest dieses einführenden Kapitels sei den *Anwendungen* der programmgesteuerten Maschinen gewidmet. Da die Maschine in arithmetischer Hinsicht nur addieren, multiplizieren und vielleicht dividieren kann, ist sie nur in der Lage, Probleme zu bearbeiten, die arithmetisiert, das heißt in eine Kette von solchen Grundoperationen aufgelöst sind. Eine wesentliche Ergänzung dieses Sachverhalts ist allerdings zu betonen. Die Maschine kann auch *annähernd* ein Resultat a auswerten, das mathematisch als *Grenzwert* einer Folge von Zahlen a_n erscheint, von denen jede einzelne durch eine endliche Kette von Grundoperationen errechenbar ist. Man wird eben bei einem genügend hohen Wert von n die Folge abbrechen. Den so entstehenden Fehler wollen wir als *Abbrechfehler* (truncation error) bezeichnen. Von dieser Art sind viele Iterations- und Reihenentwicklungsprozesse der Mathematik. Sie eignen sich besonders gut für Rechenautomaten, wenn die Berechnung eines Gliedes a_n der Folge immer nach derselben Rechenvorschrift unabhängig von n geschieht und nur die Werte in dieser Rechnung mit n variieren. Man kann dann nämlich für alle a_n denselben Unterrechenplan (vgl. § 1.2), also dieselbe Befehlsreihe, verwenden. (Auf vielen Maschinen erscheint ein solcher «zyklischer» Unterplan als zu einem Band ohne Ende zusammengeklebter Lochstreifen, so daß er beliebig oft ablaufen kann.) Dieselbe Situation tritt in etwas anderer Form dann auf, wenn die a_n selbst gesuchte Resultate und etwa durch eine Rekursionsformel untereinander verknüpft sind (Integration einer Differenzengleichung).

Zusammenfassend ist also ein Rechenautomat – im Gegensatz zum Analogiegerät – eine *diskontinuierlich* rechnende Maschine, die Rechenstrukturen bevorzugt, die weitgehend *zyklisch* sind. Aus diesem Grund ist die *Differenzenrechnung*, als Ersatz der Differentialrechnung, ein grundlegendes theoretisches Hilfsmittel des mit einem Automaten arbeitenden Mathematikers.

1.72. Die Prüfung der Zweige der numerischen Mathematik ergibt folgende Auswahl von Teilgebieten, die sich für maschinelle Behandlung eignen.

1.721. *Tabellierung* von Funktionen, die durch Reihen, Integrale oder andere Grenzprozesse definiert sind. Als durchgeführte Arbeiten sind vor allem die Tabellenwerke der Harvard University zu nennen [2].

Nach einem Vorschlag von Prof. S. BERGMANN (Harvard) sollte man nun auch an Tabellen von Funktionen zweier Variablen gehen. Er denkt dabei in erster Linie an seine Kernfunktionen oder Greenschen Funktionen für ebene Gebiete, die in der Technik öfters auftreten (Querschnitte von Staumauern oder dergleichen). Wichtige Beispiele für Tabellen sind die *astronomischen Epheme-*

riden für die Bewegung der Himmelskörper. Auf der New-Yorker Maschine SSEC der International Business Machines Corp. wurde zum Beispiel eine Mondephemeride gerechnet, wobei die Auswertung eines Mondortes nach der berühmten, ungefähr 50 Seiten langen Mondformel nur 7 Minuten benötigt [32].

Maschinen müssen aber auch Funktionstabellen für ihre Rechnungen heranziehen können. Man führt dies heute meistens so durch, daß man einen ziemlich groben Satz von Funktionswerten in den Speicher gibt und dann die Maschine mit höheren Differenzen interpolieren läßt. Einige Geräte besitzen noch besondere Lochstreifen für die Eingabe von Funktionen.

1.722. Besondere Aufmerksamkeit wurde dem Auflösen von *Systemen linearer Gleichungen* mit vielen Unbekannten geschenkt. Neuere Rechenautomaten können etwa 30 Gleichungen in einer Stunde bewältigen. Rechnet man nach einer der Eliminationsmethoden, so hat man wieder die typische Auflösung in sich dauernd wiederholende zyklische Unterpläne. Die Theorie der maschinellen Gleichungsauflösung wurde hinsichtlich der Methoden und der Genauigkeitsfragen von v. NEUMANN, GOLDSTINE und BARGMANN [40] entwickelt. Eng damit hängen die übrigen Algorithmen der linearen Algebra zusammen. (Multiplikation und Inversion von Matrizen, Berechnung von Eigenwerten durch Iteration).

1.723. Die heutigen Maschinen eignen sich besonders gut zur numerischen Integration von *gewöhnlichen Differentialgleichungen* und zur Behandlung der damit zusammenhängenden Aufgaben wie Rand- und Eigenwertprobleme und Probleme der Störungsrechnung. Dies liegt am linearen Charakter der digitalen Maschinen. Wie eine Differentialgleichung in Schritten der unabhängigen Variablen fortschreitet, so geht eben auch eine Maschine in kleinen zeitlichen Schritten vorwärts. Als wichtige Anwendungen sind zu verzeichnen die Berechnung von kritischen Drehzahlen, Lasten und Frequenzen; Stabilitätsuntersuchungen und Probleme der nichtlinearen Mechanik sowie die Berechnung von Flugbahnen in der äußeren Ballistik.

1.724. Langsam beginnen die Rechenautomaten auch, sich das sorgenvolle Gebiet der *partiellen Differentialgleichungen* zu erobern, obwohl es schwer ist, die hohen Anforderungen an Speicherkapazitäten und Rechengeschwindigkeiten zu erfüllen. Was zunächst die elliptischen Randwertprobleme vom Typus $\Delta u = 0$ und $\Delta\Delta u = 0$ betrifft, so lassen sich im wesentlichen zwei maschinelle Methoden finden, nämlich die Entwicklung nach Orthogonalfunktionen (S. BERGMANN [11]), bei denen die Differentialgleichung zum vorneherein erfüllt wird, und die Methoden der Variationsrechnung, bei der die Konkurrenzfunktionen den Randbedingungen genügen. Das letztere Verfahren nimmt — numerisch gewendet — meistens die Form der *Methode des stärksten Abstiegs* an (vgl. H. GOLDSTINE in [39], Lectures 6, 7, 12, 18), die man sich am besten an folgendem geometrischen Bild klarmacht. Eine im Raum liegende Fläche besitze einen tiefsten Punkt, dem man sich ausgehend von einem auf der Fläche liegenden ersten Versuchspunkt auf einem Weg auf der Fläche sukzessive annähern soll. Dann wird man eben in jedem Moment des Annäherungsvorgangs in der steilsten Richtung, das heißt senkrecht zur Tangente an eine Niveaulinie der Fläche, absteigen müssen.

Die diesbezügliche Rechentechnik ist von Southwell in England unter dem Namen *Relaxationsrechnung* entwickelt und verfeinert von W. E. Milne (Institute for Numerical Analysis, Los Angeles [53]) den Rechenautomaten angepaßt worden.

Im Zusammenhang mit den parabolischen Gleichungen der Diffusion und Wärmeleitung sei die *Monte-Carlo-Methode* erwähnt, über die S. M. Ulam in [38], [53] berichtet hat und die ganz neue Perspektiven eröffnet. Sie kann im Zusammenhang mit den partiellen Differentialgleichungen so erklärt werden, daß zum Beispiel der Diffusionsvorgang eines Gases nicht in die mathematische Sprache einer partiellen Differentialgleichung übersetzt wird, sondern die einzelnen Elementarvorgänge, also das Zusammenstoßen der Gasmoleküle untereinander und mit der Wand, im Rechenautomaten nachgespielt werden. Er muß dazu ein wesentlich neues Organ bekommen, welches Zufallswerte nach einer gegebenen Wahrscheinlichkeitsverteilungsfunktion erzeugen kann. Auch die eben behandelten elliptischen Randwertprobleme wird man vielleicht einmal so lösen können; die Methode des stärksten Abstiegs ist nämlich nichts anderes als die Integration einer Wärmeleitungsgleichung (vgl. R. Courant in [52]).

Auch Probleme der Wellenausbreitung, also hyperbolische Gleichungen, wurden mit Maschinen erfolgreich in Angriff genommen, wobei meistens die *Methode der Charakteristiken* verwendet wird. Dasselbe gilt für die in den modernen Anwendungen (Gasdynamik, Ultraschall, Turbulenz, Explosionen) auftretenden nichtlinearen Probleme, bei denen man sich in näherer Zukunft von den digitalen Maschinen Hilfe für das Verständnis der teilweise recht schwierigen Erscheinungen erhofft [52], [53].

1.73. Die Existenz von digitalen Rechenautomaten hat bereits die Entwicklung der *numerischen Analysis* weitgehend beeinflußt. Wir haben eben einiges in dieser Richtung erwähnt. Es kann vorkommen, daß eine numerische Methode, der sich der Einzelrechner gerne bedient, für die Maschine völlig ungeeignet ist und umgekehrt. Niemand wird sich zum Beispiel auf die Monte-Carlo-Methode für das Rechnen mit Bleistift und Papier einlassen wollen. Bisher weniger beachtete numerische Methoden, wie etwa das Abkürzen einer Potenzreihe durch Tschebyscheffsche Polynome oder Kettenbruchentwicklungen, gewinnen an Bedeutung [27].

Besonders aber beginnt nun die Theorie der *Auf- und Abrundungsfehler* entwickelt zu werden, die für längere Rechenserien mindestens so wichtig ist wie das bisher fast ausschließlich betriebene Abschätzen des in § 1.71 definierten Abbrechfehlers. Beide Fehlerursachen wirken einander in der Regel entgegen, und jede numerische Rechnung muß zwischen dieser Scylla und Charybdis hindurchgesteuert werden. In [40] hat v. NEUMANN gezeigt, daß sich beim Auflösen von linearen Gleichungen die Rundungsfehler so anhäufen können, daß überhaupt keine richtige Dezimale mehr aus der Maschine herauskommt. In [52] gibt H. A. RADEMACHER eine Untersuchung der Fehlerfortpflanzung bei der numerischen Integration von gewöhnlichen Differentialgleichungen. Hier und auch speziell bei den partiellen Differentialgleichungen vom Wärmeleitungstypus können die Rundungsfehler direkt *numerische Instabilität* bewirken, das heißt, ein beliebig kleiner Rundungsfehler am Anfang der Integration kann nach genügend vielen Integrationsschritten das Resultat beliebig stark verfälschen [54], so daß es zum Beispiel vollständig unmöglich wird, eine gegebene Randbedingung am hintern Ende des Integrationsintervalls zu erfüllen (vgl. auch [39], Lecture 5). Dies hat v. NEUMANN veranlaßt, ein Verfahren zu entwickeln, um die Randbedingungen (abgesehen von einer einzigen) am hinteren Ende auf das vordere Ende zu verschieben, wobei allerdings die Ordnung der Differentialgleichung erhöht wird. C. BRAMBLE hat mit Hilfe von «Mark II» Rundungsfehler empirisch untersucht [53]. Über andere numerische Untersuchungen berichtet C. V. L. SMITH [50] (speziell Arbeiten von A. SARD). Vgl. ferner MTAC[1]).

1.74. Neben den direkten Anwendungsgebieten der Mathematik (Versicherungsmathematik, theoretische Physik, Geodäsie und Geophysik, Technik) haben auch schon etwas ferner liegende Wissenschaften sich für digitale Maschinen interessiert. In Princeton wird zum Beispiel die Entwicklung einer rechnerischen Wetterprognose versucht, indem, ausgehend vom gemessenen Zustand der Atmosphäre in den Punkten einer vertikalen Front, die Differentialgleichungen der Physik der Atmosphäre integriert werden. [52] und [53] enthalten Berichte der Anwendung von Rechenautomaten auf die mathematischen Modelle der Nationalökonomie.

Als Abschluß mag für den Leser die folgende kleine Liste nicht uninteressant sein. Sie enthält Probleme, in deren Lösung auf digitalen Maschinen die Verfasser Einblick hatten:

SSEC-Maschine, New York. Ausbreitung einer von einem Zentrum O ausgehenden kugelförmigen Explosionswelle in einem kompressiblen Medium, dessen Materialeigenschaften Funktionen des Abstandes von O sind.

Lösung der bei der Berechnung einer Poiseuille-Strömung auftretenden Eigenwertprobleme. Berechnung von Atomspektren.

Mark-I-Maschine (Harvard). Auswertung der funktionentheoretischen Lösung für das Strömungsfeld einer schief angeströmten unendlich langen Platte (Freistrahlproblem). Störung der Temperaturverteilung in einem zylindrischen Stahlkörper durch den Einbau eines Thermoelements. Bestimmung der Eigenwerte Mathieuscher Differentialgleichungen.

---

[1]) Die Zeitschrift «Mathematical Tables and other Aids to Computation» (sie enthält viele Beiträge über Rechenautomaten und numerische Methoden).

§ 2. Organisation und Arbeitsweise

2.1. In *Fig. 1b* ist versucht worden, das *Prinzipschema* eines Rechenautomaten aus der *Fig. 1a* zu entwickeln, welche die Arbeit eines Rechners darstellt, der einen längeren Rechenauftrag mit Büromaschine, Bleistift und Papier und eventuell unter Beiziehung einer Funktionstabelle (trigonometrische Tabelle usw.) erledigen muß. Wir überlassen es dem Leser, der Analogie im ein-

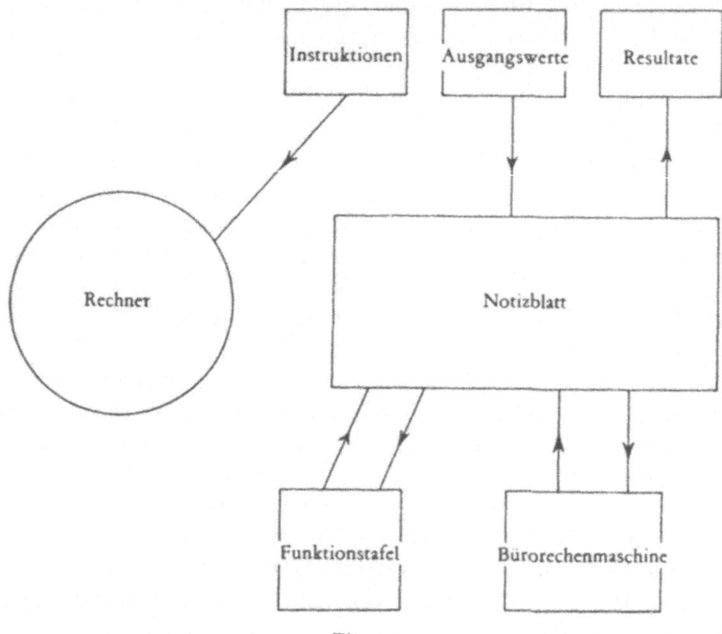

Fig. 1a

Schema der Arbeit mit einer Bürorechenmaschine.

zelnen nachzugehen; Organe, die in der einen Figur dieselbe Funktion haben wie in der andern, wurden an entsprechender Stelle gezeichnet. Wir begnügen uns daher damit, im folgenden die einzelnen Teile eines Rechenautomaten zu besprechen, wobei auf § 5 hingewiesen sei, in dem diese Teile vom technischen Standpunkt aus eingehend behandelt werden.

2.2. Dem ganzen Komplex übergeordnet ist das *Leitwerk* (vgl. § 1.1), dessen elektrische Einrichtung man am besten mit derjenigen einer vollautomatischen Telephonzentrale vergleicht, mit dem Unterschied, daß zu den dort verwendeten Relais und Schrittschaltern für schnelle Schaltoperationen Elektronenröhren hinzutreten. Das Leitwerk liest die Befehle in der nötigen Reihenfolge ab und löst durch elektrische Einzelsignale oder Signalfolgen in den übrigen Teilen der Maschine die erforderlichen Operationen aus.

Das *Rechenwerk* führt die arithmetischen Grundoperationen aus. Normalerweise kann es zwei Zahlen addieren, subtrahieren, multiplizieren und bei einigen Maschinen auch dividieren. Im Gegensatz zu früheren Konstruktionen (Mark I, ENIAC) ist bei den heutigen Automaten das Rechenwerk nur in einer Ausführung vorhanden; es kann also nicht — wie etwa bei den Lochkartenmaschinen — in mehreren Zählwerken parallel gearbeitet werden.

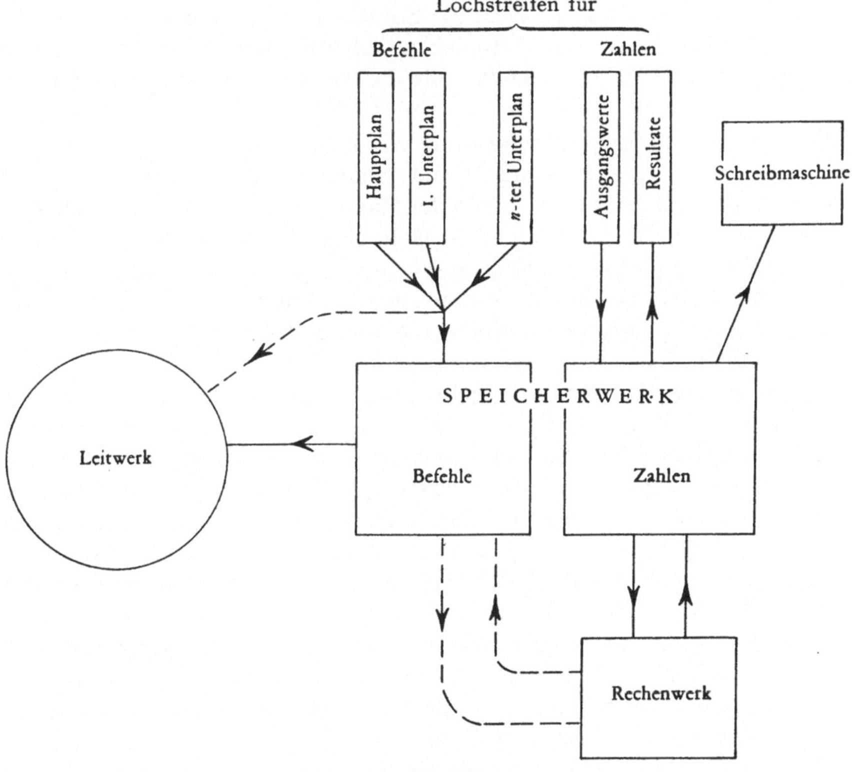

Fig. 1 *b*
Blockschema eines Rechenautomaten.

Im Zusammenhang mit dem Rechenwerk soll noch auf die elektrische *Darstellung der Zahlen* in der Maschine hingewiesen werden. Jede Zahl, jeder Befehl und überhaupt jede Information erscheint im Automaten als Folge elektrischer Impulse, die *zeitlich hintereinandergestaffelt* durch die elektrischen Leitungen ziehen. Dabei ist nicht die Größe des Impulses bedeutsam, sondern nur, ob an der betreffenden Stelle ein Impuls vorhanden ist oder nicht. Die Darstellung der Zahlen erfolgt also durch *Ja-Nein-Werte*. Eine 10stellig dezimal geschriebene Zahl kann durch ungefähr 40 Ja-Nein-Werte dargestellt werden (vgl. § 3.2), oder — in der Sprache der Maschine — durch 40 Signale, die wie ein Morsetelegramm in einem Draht weitergeleitet werden. Natürlich kann man auch statt dessen etwa ein Bündel von 4 Leitungen verwenden, die 40 Ja-Nein-Werte auf 4 Gruppen zu je 10 verteilen. Die 4 Gruppen können dann *gleichzeitig* gesendet werden. Die Maschine arbeitet dann hinsichtlich der Gruppen *parallel*, bezüglich der 10 Impulse einer Gruppe aber *in Serie*. Die Übersetzung der von der Außenwelt kommenden *Worte* (dezimal geschriebene Zahlen oder als Zahlen verschlüsselte Befehle (vgl. § 1.1) in die Sprache der Ja-Nein-Werte geschieht in einem speziellen Gerät, das entweder in dem Automaten eingebaut oder als Zusatzgerät ausgebildet ist. Dasselbe gilt für das Zurückübersetzen beim Abliefern von Resultaten.

Der *Speicher* dient zur Aufbewahrung von Zahlen (Anfangswerte der Rechnung, Zwischenresultate, Ergebnisse) und eventuell von Befehlen (vgl. § 1.2). Er ist das Archiv aller Angaben, die in der Maschine überhaupt eine Rolle spielen. Auch hier erscheinen alle Angaben als Ja-Nein-Werte. Die *Kapazität* wechselt bei heutigen Maschinen zwischen 100 und 10000 zehnstelligen Dezimalzahlen. Präzisierend muß hinzugefügt werden, daß nur diejenigen Informationen in den Speicher gegeben werden, die kurzfristig wieder verfügbar sein müssen. Größere Mengen von Zwischenresultaten, die erst in einem späteren Arbeitsgang («run») der Maschine gebraucht werden, verlassen dieselbe und werden außerhalb in einem *äußern Gedächtnis* (etwa in der Form von Lochkarten, Lochstreifen oder Stahlband) magaziniert. Die hohen Anforderungen betreffend Einhaltung einer kleinen Suchzeit (vgl. § 1.6) haben verschiedene Konstrukteure veranlaßt, den Speicher aufzuteilen in einen schnell und elektronisch arbeitenden Speicher geringer Kapazität und weitere Speicher großer Kapazität, die langsamere Schaltelemente (Relais) verwenden und daher größere Suchzeiten aufweisen. Man kann diese Zwischenspeicher als Übergänge vom schnellen Speicher zum äußeren Gedächtnis ansehen. Außerdem sind vielfach *Konstantenregister* eingebaut. Es sind dies Speicher für vielgebrauchte Zahlenwerte (etwa 2, *e*, π usw.), aus denen abgelesen, in die aber nicht eingegeben werden kann.

Eingang und *Ausgang* bilden die Verbindung des Rechenautomaten mit der Außenwelt und bestehen aus Abtastern für die einlaufenden Lochstreifen oder magnetischen Bänder und aus Lochern bzw. Schreibwerken für die auslaufenden. Neuere Maschinen besitzen im Zahlenein- und -ausgang stets mehrere unabhängig oder gekoppelt laufende Streifen und ebenso im Befehlseingang für den Hauptrechenplan und die verschiedenen Unterpläne (vgl. § 1.2). Normalerweise sind am Ausgang noch einige elektrische Schreibmaschinen angeschlossen, die Resultate in Tabellenform niederschreiben. Schließlich können auch Zahlen und Befehle von Hand eingetastet werden und Resultate von Signallampen abgelesen werden. Der Automat kann also wie eine Bürorechenmaschine verwendet werden, was insbesondere bei Kontrollrechnungen zur Beseitigung von Störungen erwünscht ist.

Eine Reihe von *Zusatzgeräten,* deren Arbeit örtlich und zeitlich von derjenigen des Rechenautomaten getrennt ist, sind noch zu nennen. Sie bestehen vor allem aus den Geräten zum Lochen der Streifen des Zahleneinganges und zum Ablesen der Resultate von den Streifen des Ausganges. Die Befehlsstreifen wurden früher ebenfalls in einem Handlocher hergestellt, so daß das Bedienungspersonal die Verschlüsselung von Instruktionen durch Zahlen (den «Code») kennen mußte. Neuerdings wird diese Arbeit durch ein Planfertigungsgerät (vgl. § 1.3) besorgt. Hinzu treten die Einrichtungen für das äußere Gedächtnis, die etwa in einer Ausrüstung von Lochkartenmaschinen bestehen können. Die Zusammenarbeit der Zusatzgeräte mit dem Automaten ist richtig zu organisieren; zum Beispiel kann auf dem Planfertigungsgerät ein neues Problem vorbereitet werden, während der Automat eine andere Aufgabe rechnet.

2.3. Die *Beschreibung* der *Arbeitsweise* fällt etwas verschieden aus, je nachdem ob ein Befehlsspeicher (vgl. § 1.2) vorhanden ist oder nicht. Im erstern Fall beginnt die Tätigkeit des Automaten damit, daß die Befehle vom Streifen abgelesen und in den Speicher eingeführt werden (ausgezogene Pfeile der Fig. 1*b*). Jede Zelle des Befehlsspeichers enthält dann einen Befehl. Ein in die Maschine eingebauter *Befehlszähler* (sequence counter), den man am besten mit der Mutteruhr einer elektrischen Uhrenanlage vergleicht, ruft nun die einzelnen Zellennummern in ihrer natürlichen Reihenfolge auf; der in der Zelle enthaltene Befehl wird abgelesen und vom Leitwerk ausgeführt. Diese normale Arbeit des Befehlszählers wird modifiziert, wenn er (etwa nach Abgreifen der Zellen 1 bis 100) auf einen Sprungbefehl (vgl. § 1.2) stößt, der in der Zelle 101 enthalten ist. Dieser Sprungbefehl kann lauten: «Der Zählerstand des Befehlszählers ist auf 325 zu stellen.» Dies wird ausgeführt, so daß dann der Befehlszähler beim nächsten Schritt nicht den Befehl in Zelle 101, sondern denjenigen in Zelle 325 aufruft, was zum Beispiel den Übergang zu einem andern Unterrechenplan bedeuten kann. Im Falle von bedingten Sprungbefehlen muß auch das Rechenwerk den Stand des Befehlszählers beeinflussen können[1]). Diese Organisation der Maschine erlaubt ein sehr flexibles Springen von einer Befehlsreihe zur andern.

Bei den Automaten ohne Befehlsspeicher ist für jeden Unterplan ein separater Befehlsstreifen im Eingang der Maschine vorzusehen. Die Befehle werden direkt von einem dieser Streifen abgetastet, ausgeführt, und dann wird der Streifen um eine Zeile weitergerückt (gestrichelter Pfeil in Fig. 1*b*). Ein Sprungbefehl bewirkt entweder das Weiterlaufen des Streifens *ohne* Ausführung der dabei durchlaufenen Befehle und Wiedereinsetzen bei einem späteren Befehl oder dann den Übergang auf einen anderen Befehlsstreifen.

---

[1]) Gelegentlich werden auch Befehle mit leerer *Adresse* (vgl. § 1. 2) benutzt, also zum Beispiel: «Springe auf den Befehl in Zelle . . . .». Die Leerstelle kann dann auch durch eine von der Maschine selbst gelieferte Zahl ersetzt werden, zum Beispiel — wenn eine Befehlsreihe unterbrochen, aber später wieder aufgenommen werden soll — durch den Zählerstand des Befehlszählers beim Abbruch dieser Reihe (vgl. auch § 4. 6).

§ 3. Arithmetische Prinzipien

3.1. *Zahlsysteme*

Unter einem Zahlsystem versteht man allgemein die Art und Weise, eine positiv reelle Zahl durch Zeichen (Ziffern) darzustellen, d. h. zu verziffern. Dabei ist das Dezimalsystem nur ein Sonderfall ($B = 10$) der allgemeineren Darstellung

$$x = \sum_{-\infty}^{M} x_k \, B^k \,, \qquad\qquad (3.1)$$

wobei die ganze Zahl $B \geqq 2$ die Basis des Zahlsystems heißt und die ebenfalls ganzen Zahlen x_k ($0 \leqq x_k < B$) die Ziffern der Zahl x sind.

Beim praktischen Rechnen können immer nur endliche B-albrüche verwendet werden, die dann von den darzustellenden Zahlen x um gewisse Beträge δx abweichen; deshalb interessiert die mit einer gewissen Stellenzahl N erreichte relative Genauigkeit $\gamma = x/\delta x$. Da durch geeignete Abrundung immer erreicht werden kann, daß δx höchstens eine halbe Einheit der letzten Stelle ist und eine N-stellige B-alzahl stets mindestens B^{N-1} Einheiten der letzten Stelle beträgt, gilt $\gamma \geqq 2 \, B^{N-1}$.

Um also auch in ungünstigen Fällen eine relative Genauigkeit γ_0 zu sichern, sind

$$\frac{\log \gamma_0/2}{\log B} + 1 \qquad\qquad (3.2)$$

wesentliche Stellen notwendig.

Währenddem nun bisher die Zahl zehn als Basis für die Verzifferung unbestritten war, kommen für den Bau programmgesteuerter Rechenmaschinen doch auch andere Zahlsysteme in Betracht. Zur Verzifferung mit der Basis B braucht es B verschiedene Ziffern ($0, 1, \ldots, B - 1$), die in einer Rechenmaschine durch B verschiedene Zustände eines geeigneten mechanischen oder elektrischen Systems dargestellt werden können. So haben die Zählräder in den Bürorechenmaschinen 10 ausgezeichnete Stellungen, die den Ziffern 0 bis 9 zugeordnet sind.

Für eine schnelle Maschine kommen hingegen nur elektrische Schaltelemente, zum Beispiel Relais und Elektronenröhren, in Betracht, und diese haben nur zwei stabile Zustände. Somit ist für solche Maschinen das Zahlsystem mit der Basis $B = 2$, das sogenannte Dualsystem, bevorzugt, welches tatsächlich bei einigen fertiggestellten oder im Bau befindlichen Maschinen zur Anwendung kommt[1]:

Da das Dualsystem eine rein interne Angelegenheit dieser Maschinen ist — man denkt wohl kaum daran, auch im täglichen Leben das Dezimalsystem zu

---

[1] Vgl. die Zusammenstellung der Maschinen, S. 96–99.

verdrängen — müssen die Ausgangswerte und Konstanten eines Problems zuerst ins Dualsystem übertragen werden, und am Ende der Rechnung hat die Rückverwandlung der Resultate ins Dezimalsystem zu erfolgen (vgl. § 3.7).

Die Vorzüge des Dualsystems sind durch die Tatsache begründet, daß man mit den beiden Ziffern 0 und L[1]) auskommt, jede Ziffer einer Zahl ist damit immer *entweder* 0 *oder* L. Diese Alternative entspricht nicht nur den elektrischen Schaltungen vortrefflich (geöffnetes oder geschlossenes Relais), sondern stellt auch die Brücke zum Aussagenkalkül her[2]) (richtig oder falsch).

Eine für die Praxis wichtige Eigenschaft ergibt sich aus Formel (3.1), vermöge der sich eine Zahl aus ihren Ziffern aufbaut: Nur beim Dualsystem ist x immer eine Summe der reinen Potenzen der Basis, z. B. L0L0L $= 2^4 + 2^2 + 2^0 = 21$; bei allen andern Zahlsystemen sind die Faktoren x_k im allgemeinen größer als 1.

Ferner zeigt es sich, daß das Dualsystem im Mittel die kleinsten Quersummen ergibt, was für Multiplikation und Division von Bedeutung ist, denn die Dauer dieser Operationen ist durch die Quersumme des Multiplikators bzw. Quotienten bestimmt. Weil jede Stelle eines B-albruches im Mittel $(B-1)/2$ zur Quersumme beiträgt und die zur Erreichung einer relativen Genauigkeit γ_0 notwendige Stellenzahl nach (3.2) im wesentlichen $\log \gamma_0/\log B$ ist, folgt, daß die mittlere zu erwartende Quersumme bei festem, vorgeschriebenem γ_0 zu $(B-1)/\log B$ proportional ist. Dieser Ausdruck ist für $B = 2$ am kleinsten, nämlich zirka 1,44, während sich für das Dezimalsystem zirka 3,9 ergibt.

Zu den *Nachteilen* des Dualsystems muß einmal die Notwendigkeit des Übersetzens gerechnet werden, ferner ist das Ziffernbild einer Zahl wenig differenziert, weil nur die Ziffern 0 und L auftreten. Es ist deshalb nicht leicht, eine Zahl mit einem Blick zu erfassen, um so mehr, als im Dualsystem wesentlich mehr Stellen notwendig sind, um die gleiche Genauigkeit zu gewährleisten (einer 12stelligen Dezimalzahl entspricht eine 40stellige Dualzahl).

3.2. *Duale Verschlüsselung*

Da die Verwendung des reinen Dualsystems in einer Rechenmaschine viele Nachteile mit sich bringt, haben namhafte Konstrukteure am Dezimalsystem festgehalten. Um aber dennoch von den Vorteilen des Dualsystems profitieren zu können, stellen sie wenigstens die einzelnen Ziffern einer Zahl durch Dualzahlen dar. Es wird zu diesem Zweck eine Vorschrift eingeführt, welche jeder ganzen Zahl $x\,(0 \leq x < 10)$ eindeutig eine ebenfalls ganze Zahl $t(x)\,[0 \leq t(x) < 16]$ zuordnet. Diese wird als vierstellige Dualzahl geschrieben und die der Ziffer x zugeordnete *Tetrade* genannt.

Die nächstliegende aller möglichen Vorschriften ist durcn die Funktion $t(x) \equiv x$ bestimmt (sogenannte direkte Verschlüsselung)[3]). Bei dieser wird also einfach jede Ziffer ins Dualsystem übersetzt, zum Beispiel

$$6295 \rightarrow 0LL0'00L0'L00L'0L0L.$$

---

[1]) Die Dual-Eins wird zur Unterscheidung von der Dezimal-Eins mit L bezeichnet.
[2]) Vgl. C. E. SHANNON [48].
[3]) Angewendet bei Mark II [3] und SSEC (IBM) [32].

Ferner wurde beim «Complex Computer»[1]), welcher allerdings keine eigentliche programmgesteuerte Rechenmaschine ist, die sogenannte *Dreiexzeß*-Verschlüsselung verwendet: $t(x) = x + 3$, oder

$$0 \to 00LL, \quad 1 \to 0L00, \quad 2 \to 0L0L, \ldots, \quad 9 \to LL00 .$$

Diese zeichnet sich unter anderem dadurch aus, daß niemals alle Dualziffern einer verschlüsselten Zahl 0 oder alle L sein können, so daß sich das Versagen von elektrischen Schaltelementen sofort anzeigt.

Wir wollen uns nun sofort dem allgemeinen Fall zuwenden: Die Gesamtzahl aller möglichen Zuordnungen $x \to t(x)$ beträgt offenbar 16^{10}, worin allerdings auch die nicht eindeutig umkehrbaren inbegriffen sind. Um die Übersicht nicht zu verlieren, scheidet man aus dieser Menge durch geeignete Postulate diejenigen Funktionen $t(x)$ aus, die zu unzweckmäßigen Verschlüsselungen führen würden. Diese Postulate sind nach Aiken[2]):

A. Verschiedenen Ziffern sollen verschiedene Tetraden zugeordnet werden, d. h. $t(x)$ soll jeden Wert höchstens einmal annehmen.

B. Die größere Ziffer soll auch durch die größere Dualzahl dargestellt werden, d. h. aus $x < y$ soll $t(x) < t(y)$ folgen.

C. Wenn sich zwei Ziffern x und y auf 9 ergänzen, sollen auch die zugeordneten Tetraden komplementär sein, also durch Vertauschung von 0 und L auseinander hervorgehen, d. h. es soll dann $t(x) + t(y) = 15$ gelten.

Aus diesen Postulaten, denen noch 56 Verschlüsselungen genügen, folgt übrigens, daß sich die Ziffern 0 bis 4 einerseits und 5 bis 9 anderseits durch die erste Dualziffer der zugeordneten Tetraden unterscheiden; diese ist nämlich $0 [t(x) < 8]$ für $x < 5$ und $L [t(x) \geqq 8]$ für $x \geqq 5$.

D. Die geraden (bzw. ungeraden) Ziffern sollen durch gerade (bzw. ungerade) Tetraden (oder umgekehrt) dargestellt werden, so daß die letzte Dualstelle einer Tetrade die Parität der dargestellten Ziffer bestimmt.

E. Es soll möglich sein, jeder der vier Dualstellen einer Tetrade geeignete *Gewichte* zuzuordnen, so daß die gewogene Quersumme der Tetrade die dargestellte Ziffer ergibt; es soll sich also x auf diese einfache Weise aus $t(x)$ berechnen lassen. (Zum Beispiel haben die vier Dualstellen bei der anfangs erwähnten direkten Verschlüsselung die Gewichte 8, 4, 2, 1.)

Die Zahl der verschiedenen Verschlüsselungen, welche diesen fünf Axiomen genügen (die direkte Verschlüsselung verletzt das Postulat C und die Dreiexzeßverschlüsselung genügt der Bedingung E nicht), beträgt noch 4, unter denen sich die Aikensche oder 2-4-2-1-Verschlüsselung durch besondere Einfachheit auszeichnet:

---

[1]) Beschreibung dieser Maschine: Bell Laboratories Record *19*, Nr. 2, S. 5/6 (Oktober 1940).
[2]) Persönliche Mitteilung.

$$t(x) = \begin{cases} x & \text{für} \quad x < 5 \\ x + 6 & \text{für} \quad x \geqq 5 \end{cases}$$

oder:

$$\left.\begin{array}{ll} 0 \rightarrow 0000 & 5 \rightarrow L0LL \\ 1 \rightarrow 000L & 6 \rightarrow LL00 \\ 2 \rightarrow 00L0 & 7 \rightarrow LL0L \\ 3 \rightarrow 00LL & 8 \rightarrow LLL0 \\ 4 \rightarrow 0L00 & 9 \rightarrow LLLL \end{array}\right\} \qquad (3.3)$$

Die Gewichte sind hier 2, 4, 2, 1; zum Beispiel ist also 7 (LL0L) = 2 + 4 + 0 + 1.

Rechnen mit dual verschlüsselten Zahlen. Darüber sagen die fünf Axiome gar nichts aus. Das Rechnen kann nun immer auf die Addition zurückgeführt werden[1]), welche ziffernweise durchgeführt wird, so daß man sich darauf beschränken kann, die Addition von einzelnen Ziffern in Betracht zu ziehen. Da diese aber Ausschnitte aus vielstelligen Zahlen sind, müssen noch die eventuell erfolgenden Zehnerüberträge von rechts her und nach links berücksichtigt werden.

Die Aufgabe, die Summe zweier Ziffern x und y zu bilden, besteht also darin, aus den Tetraden $t(x)$ und $t(y)$ und dem eventuell von rechts kommenden Übertrag u (es ist $u = 1$ oder 0, je nachdem ein solcher Übertrag erfolgt oder nicht) die folgende Tetrade zu bilden:

$$\left.\begin{array}{ll} t(x + y + u) & \text{falls} \quad x + y + u < 10 \\ 16 + t(x + y + u - 10) & \text{falls} \quad x + y + u \geqq 10 \end{array}\right\} \qquad (3.4)$$

Der Summand 16 im zweiten Fall entspricht dem Zehnerübertrag, der zur nächst höheren Tetrade zu erfolgen hat und der, dual aufgefaßt, einen Wert von 16 Einheiten der betrachteten Tetrade besitzt (vgl. Fig. 2).

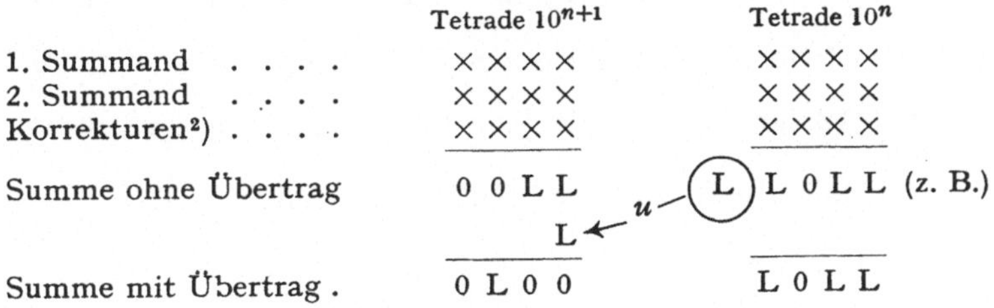

	Tetrade 10^{n+1}	Tetrade 10^n
1. Summand	× × × ×	× × × ×
2. Summand	× × × ×	× × × ×
Korrekturen[2])	× × × ×	× × × ×
Summe ohne Übertrag	0 0 L L	(L) L 0 L L (z. B.)
	L	
Summe mit Übertrag .	0 L 0 0	L 0 L L

Fig. 2

Zehnerübertrag

---

[1]) Vgl. § 3.5.

[2]) Vgl. weiter unten.

Man geht nun meistens so vor, daß man zunächst in einem dualen Addierwerk die Summe $t(x) + t(y) + u$ bildet; falls dies nicht das gemäß (3.4) geforderte Resultat ergibt, hat noch eine Korrektur zu erfolgen, was je nach der gewählten Verschlüsselung mehr oder weniger kompliziert ist (vgl. auch § 5.11). Um diese Korrekturen zu bestimmen, vergleichen wir die Summe $t(x) + t(y) + u$ (Haben) mit den Sollbeträgen von (3.4), wobei für $t(x)$ die speziellen Funktionen eingesetzt werden:

a) *Direkte Verschlüsselung*

$$\text{Soll:}\quad \begin{array}{ll} x + y + u & \text{für}\quad x + y + u < 10 \\ 6 + x + y + u & \text{für}\quad x + y + u \geq 10 \end{array} \qquad \text{Haben:}\quad x + y + u\,.$$

Das heißt: Die Summe $t(x) + t(y) + u$ ist richtig für $x + y + u < 10$, andernfalls hat man die Korrektur $6 = 0LL0$ zu addieren (worauf dann ein Übertrag zur nächst höheren Tetrade erfolgt).

b) *Dreiexzeß-Verschlüsselung*

$$\text{Soll:}\quad \begin{array}{ll} x + y + u + 3 & \text{für}\quad x + y + u < 10 \\ x + y + u + 9 & \text{für}\quad x + y + u \geq 10 \end{array} \qquad \text{Haben:}\quad x + y + u + 6\,.$$

Die Korrektur ist also -3 im ersten, $+3$ im zweiten Fall. Diese beiden Fälle unterscheiden sich offenbar dadurch, daß der Habenbetrag im ersten Fall < 16, im zweiten ≥ 16 ist, d. h. daß genau im zweiten Fall schon ohne die Korrektur ein Übertrag zur nächst höheren Tetrade erfolgt, welcher richtig ist und durch die Korrektur nicht mehr beeinflußt wird.

c) *Aiken-Verschlüsselung*

Soll: Haben:

$$
\begin{array}{llll}
x + y + u & \text{für} & x + y + u < 5 & \quad x + y + u \quad \text{für } x, y < 5 \\
x + y + u + 6 & \text{für} & 5 \leq x + y + u < 15 & \quad x + y + u + 6 \ \text{für } \begin{array}{l} x < 5,\ y \geq 5 \\ x \geq 5,\ y < 5 \end{array} \\
x + y + u + 12 & \text{für} & 15 \leq x + y + u. & \quad x + y + u + 12 \ \text{für } x, y \geq 5\,.
\end{array}
$$

Korrekturen sind also in folgenden Fällen notwendig:

$$
\begin{array}{lll}
x, y < 5\,, & x + y + u \geq 5: & \text{Korrektur} + 6\,, \\
x, y \geq 5\,, & x + y + u < 15: & \text{Korrektur} - 6\,.
\end{array}
$$

Interessanterweise ist die Summe $t(x) + t(y) + u$ gerade dann korrekturbedürftig, wenn sie, von einem eventuellen Übertrag zur nächst höheren Stelle abgesehen, eine *Pseudodezimale* ist, d. h. eine der 6 nicht zur Darstellung der

10 Ziffern verwendeten vierstelligen Dualzahlen:

$$5^* = \text{0L0L} \qquad 2^* = \text{L000}$$
$$6^* = \text{0LL0} \qquad 3^* = \text{L00L}$$
$$7^* = \text{0LLL} \qquad 4^* = \text{L0L0}$$

Wenn also die Summe $t(x) + t(y) + u$ eine richtige Tetrade ist, so bedarf sie keiner Korrektur mehr.

Beispiel:

5 → L0 LL		7 → LL0 L	
6 → LL0 0		8 → LLL0	

$\overline{\text{L 0 LLL}}$ → Pseudodezimale 7* + Übertrag, also

$-$ 0LL0   Korrektur $-$ 0LL0

15 ← $\overline{\text{L L0 LL}}$ → richtige Dezimale 5 + Übertrag, keine Korrektur

11 ← $\overline{\text{L 0 0 0 L}}$

Eine besondere Art der Darstellung der Ziffern (Biquinary Notation), welche den römischen Ziffern gleicht, wurde im Bell Computer[1]) verwendet.

3.3. *Darstellung der Zahlen in der Maschine*[2])

Im folgenden soll davon abgesehen werden, daß die zehn Ziffern des Dezimalsystems durch Tetraden dargestellt werden und daß nach jeder Addition Korrekturen notwendig sind.

In jeder digitalen Rechenmaschine können die Rechengrößen nur durch *endliche* Dezimal- oder Dualbrüche dargestellt werden, und zwar ist die übliche Genauigkeit bei programmgesteuerten Rechenmaschinen zirka 12 Dezimal- oder 40 Dualstellen. Das Vorzeichen erfordert bei beiden Systemen eine Dualziffer, indem beispielsweise + als 0 und − als L geschrieben wird. Was aber die Kommastellung anbelangt, so unterscheidet man zwei Haupttypen:

A. *Maschinen mit beweglichem Komma* (floating decimal [binary] point), zu denen der Bell Computer [6], Mark II [3] und das Rechengerät von ZUSE [66] gehören und welche alle Zahlen in sogenannter *halblogarithmischer Form* darstellen: $x = \pm p B^q$ (B = Basis des Zahlsystems). Damit ist jede Zahl durch ein Zahlenpaar vertreten, z. B. bei Mark II gemäß Fig. 3.

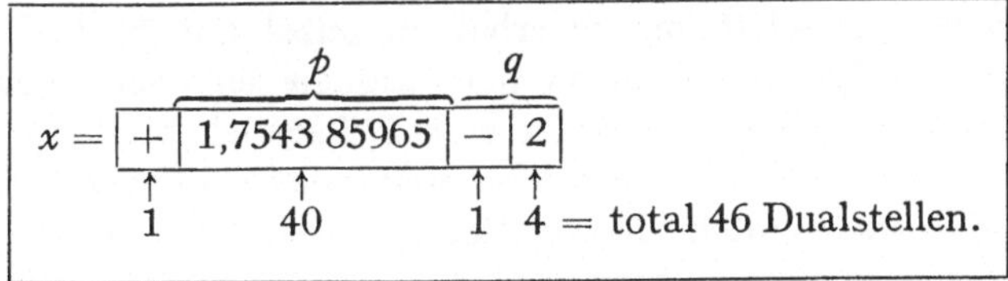

Fig. 3
Darstellung einer Zahl in Mark II.

---

[1]) Vgl. BERKELEY [12], S. 133. Im übrigen ist diese Maschine in [6] beschrieben.
[2]) Vgl. [16].

q heißt der *Exponent* von x; die Zahl p, die immer im Intervall $1 \leqq p < B$ liegen muß, wird gelegentlich als *Mantisse* bezeichnet (in der Tat ist ja q die Kennziffer, $\log p$ die Mantisse von $\log^B x$).

Sonderwerte. Da die Zahl 0 keine halblogarithmische Darstellung besitzt, muß sie durch ein besonderes Zeichen markiert werden, zum Beispiel sind bei Mark II in diesem Fall alle 46 Dualziffern $= 0$. Der deutsche Konstrukteur Zuse hat außer für 0 auch für ∞ sowie für die gänzlich unbestimmte Größe $0/0$ ($= \infty - \infty$ oder dergleichen) je ein besonderes Zeichen eingeführt. K. Zuse, der die Zahlen in seiner Maschine durch 32 Dualziffern darstellt (24 für p, 8 für q), fügt zu diesem Zweck noch eine weitere Dualziffer mit folgender Bedeutung bei: Wenn diese 0 ist, so bestimmen die übrigen 32 Dualziffern eine normale Zahl $x = p\,B^q$; ist diese aber L, so liegt ein Sonderwert vor, und die übrigen 32 Dualziffern entscheiden, ob es sich um 0, ∞ oder ? (Unbestimmt) handelt.

B. *Maschinen mit festem Komma* (fixed decimal [binary] point). Bei diesen werden die Zahlen ebenfalls als endliche Ziffernfolgen dargestellt, aber im Gegensatz zu den Maschinen mit beweglichem Komma ist hier dem Komma innerhalb der Ziffergruppe eine feste Position zugewiesen, nämlich bei den meisten Maschinen am Anfang der Ziffergruppe[1]) (so daß alle Rechengrößen im Intervall $-1 < x < 1$ liegen müssen), während sie bei Mark I und Mark III wenigstens noch für jedes Problem wählbar ist:

Mögliche Kommastellungen bei Mark III: ,7,3,6 2,5 1,4 0 3 9 2 8 1 7 0 6,
ebenso bei BINAC und IAS: ,00LL00LL00LL00LL00LL...

Das Vorzeichen erfordert ebenfalls eine Dualziffer, eine Angabe des Exponenten ist unnötig.

Für den Uneingeweihten scheint diese starre Behandlung des Kommas nicht nur ein schwerer Nachteil, sondern überhaupt ein unhaltbarer Zustand zu sein. Tatsächlich ist es aber so, daß man, falls die Größenordnung der in der Rechnung auftretenden Zahlen einigermaßen bekannt ist, das Problem so transformieren kann, daß dann alle in die Rechnung eingehenden Größen im Intervall $-1 < x < 1$ liegen. Man wird dabei vor allem darauf ausgehen, eine nach oben sichere Abschätzung zu erhalten, selbst auf die Gefahr hin, daß nachher die in der Rechnung auftretenden Zahlen sehr viel kleiner als 1 sind (dafür hat man ja bei diesen Maschinen zum Teil so viele Stellen).

Außerdem hat es der das Problem Vorbereitende als *ultima ratio* in der Hand, die Rechnung so zu gestalten, daß die Skala — welche sich bei den Maschinen mit beweglichem Komma automatisch anpaßt — ebenfalls beweglich wird, vgl. [15].

---

[1]) Es scheint allerdings, daß die Stellung des Kommas zwischen der ersten und zweiten Ziffer vorteilhafter wäre, vgl. [35].

Zusammenfassend kann gesagt werden, daß zwar der Umstand, daß man bei einer Maschine mit festem Komma die Größenordnung der in der Maschine gebildeten Rechenresultate ungefähr vorausbestimmen muß, um erfolgreich damit arbeiten zu können, ein entschiedener Nachteil ist, der aber durch eine Anzahl von Vorteilen gegenüber den Maschinen mit beweglichem Komma mehr als ausgeglichen wird. Zweifellos wird man in der Weiterentwicklung versuchen, die Vorteile beider Systeme in einer Maschine zu vereinigen.

3.4. *Rechnen mit halblogarithmisch dargestellten Zahlen*

Es soll hier kurz erklärt werden, welche arithmetischen Probleme die vier Grundoperationen in einer Maschine mit beweglichem Komma aufwerfen. Betreffs schaltungstechnischer Probleme vergleiche man die sehr ausführliche Beschreibung von Mark II [3].

Addition und Subtraktion

Zunächst ist klar, daß nur Zahlen mit gleichen Exponenten addiert werden können. Deshalb muß man zuerst die Differenz der Exponenten bilden und dann den Summanden mit dem kleineren Exponenten um eine gewisse Anzahl Stellen nach rechts verschieben, zum Beispiel bei einer dreistellig dezimalen Maschine:

$$\text{a)} \quad 5{,}32 \times 10^{-4} \rightarrow 0{,}05 \times 10^{-2}$$
$$4{,}73 \times 10^{-2} \rightarrow 4{,}73 \times 10^{-2}$$

Korrekte halblogarithmische Summe $\quad \mathbf{4{,}78 \times 10^{-2}}$

$$\text{b)} \quad 9{,}82 \times 10^{2} \rightarrow 9{,}82 \times 10^{2}$$
$$7{,}52 \times 10^{1} \rightarrow 0{,}75 \times 10^{2}$$
$$10{,}57 \times 10^{2}$$

Die Mantisse ist hier größer als $B = 10$, deshalb hat ein *Ausrichten* der Summe zu erfolgen, deren halblogarithmische Darstellung lautet: $\mathbf{1{,}06 \times 10^{3}}$.

$$\text{c)} \quad -5{,}55 \times 10^{1}$$
$$+5{,}53 \times 10^{1}$$
$$-0{,}02 \times 10^{1}$$

Auch hier genügt die Mantisse nicht mehr der Bedingung $1 \leq p < B$, es ist jetzt eine Stellenverschiebung nach links notwendig, die korrekte Darstellung wird so: $\mathbf{-2{,}00 \times 10^{-1}}$.

Im Beispiel c erscheinen infolge der Stellenverschiebung nach links am Ende eine Anzahl von Nullen, welche eine nicht vorhandene Genauigkeit vortäuschen. Es ist dies ein Nachteil der Maschinen mit beweglichem Komma, daß sie den beim Subtrahieren fast gleich großer Zahlen auftretenden Genauigkeitsverlust nicht erkennen.

Multiplizieren und Dividieren

Für diese beiden Operationen addiert bzw. subtrahiert man die Exponenten und multipliziert bzw. dividiert die Mantissen.

Nun kann aber das so erhaltene Mantissenprodukt eine Zahl zwischen 1 und B^2 sein, so daß eventuell eine Rechtsverschiebung derselben und gleichzeitig eine Erhöhung des Exponenten nötig ist. Entsprechend kann der Mantissenquotient zwischen B^{-1} und B liegen und verlangt also eventuell nach einer Linksverschiebung mit Verminderung des Exponenten. Im Detail werden diese beiden Operationen ähnlich ausgeführt wie bei den Maschinen mit festem Komma, für welche sie ausführlich beschrieben sind (vgl. §§ 3.52 und 3.53).

Wie man sieht, hat die halblogarithmische Darstellung der Zahlen in einer Rechenmaschine den Nachteil, daß Addition und Subtraktion, welches bei weitem die häufigsten Operationen sind, verhältnismäßig kompliziert werden.

Rechnen mit Sonderwerten

Der Exponent in der halblogarithmischen Darstellung einer Zahl kann nur in gewissen Grenzen variieren (z. B. von -15 bis $+15$ bei Mark II), so daß die Größenordnung der in der Maschine vorkommenden Rechengrößen auch nicht ganz unbeschränkt ist. Es kann nun vorkommen, daß bei der Ausführung der Rechnung Zahlen entstehen, deren Exponenten die erwähnten Grenzen überschreiten, d. h. der Exponent überfließt[1]). In einem solchen Fall muß eine Rechenmaschine normalerweise anhalten, da sonst falsche Resultate entstehen. Das Rechengerät von K. Zuse bildet hingegen einen Sonderwert «sehr groß» und rechnet mit diesem weiter, solange dies auf eindeutige Weise möglich ist. Erst wenn Operationen wie $0 \cdot \infty$ und $\infty - \infty$ zu unbestimmten Resultaten führen, kommt es zum Unterbruch der Rechnung. Das unvorhergesehene Anhalten der Maschine wird dadurch nicht nur verzögert, sondern in vielen Fällen überhaupt verhindert. Zum Beispiel kommt es beim Auswerten von Kettenbrüchen vor, daß ein Teilnenner ∞ oder sehr groß wird. Da diese Größe aber in einem Nenner steht, ist sie völlig unschädlich; tatsächlich wird auch das Rechengerät von Zuse in einem solchen Fall (im Gegensatz zu andern Maschinen) nicht anhalten, sondern *vorübergehend* den Sonderwert ∞ oder «sehr groß» bilden.

3.5. *Rechnen mit Maschinen mit festem Komma*[2])

Es wird im folgenden immer angenommen, daß in einer solchen Maschine das Komma so gesetzt sei, daß alle Zahlen zwischen -1 und $+1$ (Grenzen aus-

---

[1]) *Überfließen* heißt: Die höchste Stelle des betreffenden Zählwerks springt von $B-1$ auf 0, und der resultierende Übertrag geht verloren (wie es auch bei Bürorechenmaschinen beobachtet werden kann). Es resultiert also ein Fehler von B Einheiten der höchsten Stelle.

[2]) Vgl. hierüber auch Burks, Goldstine und v. Neumann [20], § 5, sowie A. W. Burks (Lecture 8 in [39]).

geschlossen) liegen, d. h. sie treten als Ziffernfolgen fester Stellenzahl N auf,
bei denen das Komma stets vor der ersten Stelle zu denken ist, zum Beispiel

$$3141592653 \simeq \frac{\pi}{10} \text{ mit } N = 10.$$

Wenn auch bei Mark I und Mark III die Kommastellung innerhalb oder am
Ende der Ziffernfolge gewählt werden kann, so ist dies nur eine Rechenerleich-
terung und ändert das Prinzip nicht.

3.51. *Addition und Subtraktion, Komplementbildung*

Vor Beginn jeder Rechenoperation befinden sich die beiden Operanden
(Augend und Addend oder Minuend und Subtrahend) im Speicherwerk der
Maschine. Da sie selbst noch mit Vorzeichen versehen sind, kann erst nach dem
Ablesen derselben entschieden werden, ob effektiv eine Addition oder Subtraktion auszuführen ist. Diese Entscheidung wird dadurch vereinfacht, daß man
Addition und Subtraktion gleichwertig als *Addition* von Zahlen behandelt, von
denen eine oder beide negativ sein können, und außerdem negative Summanden
im Rechenwerk nicht als Absolutbetrag mit Vorzeichen, sondern als Komplemente (*konegative Gestalt*) darstellt:

Zu jeder negativen Zahl x, die ins Rechenwerk eingeht, wird automatisch
eine Konstante C addiert, die Summe $\bar{x} = x + C$ heißt dann das *Komplement*
von x. Wenn diese Konstante $C \geqq 2 - \eta$ ist (wobei $\eta = B^{-N}$ eine Einheit der
letzten Stelle bedeutet), so ist wegen $x > -1$, genauer $x \geqq -1 + \eta$ offenbar
$\bar{x} \geqq 1$.

Somit besteht dann eine eindeutige Unterscheidung zwischen den positiven
Zahlen und den in komplementärer Form dargestellten negativen Zahlen;
diese sind unechte, jene echte Dezimal- oder Dualbrüche. Diese Unterscheidung
ist natürlich unerläßlich, so daß nur Konstanten $C \geqq 2 - \eta$ brauchbar sind.
Da also die im Rechenwerk auftretenden konegativen Zahlen (negative Zahlen
in komplementärer Form) $\geqq 1$ sind, muß dieses noch mit einer *zusätzlichen Stelle*
vor dem Komma (Einer) versehen sein.

Wird außerdem für positive Zahlen $\bar{x} = x$ gesetzt, so ist immer $\bar{x} \equiv x$
(mod C), damit auch $\bar{x} + \bar{y} \equiv x + y$ (mod C). Um also die richtige Darstellung
für $\bar{x} + \bar{y}$ zu erhalten, müssen $\bar{x}$ und $\bar{y}$ addiert und die Summe mod C ins
Intervall $0 \leqq x < C$ oder $0 < x \leqq C$[1]) reduziert werden. Damit ist das Problem der allgemeinen Addition offenbar gelöst.

Von den vielen möglichen Werten für C sind eigentlich nur zwei wesentlich
verschiedene im Gebrauch, nämlich B und $B - \eta$, und man unterscheidet dem-
gemäß auch zwei Arten von Komplementen, nämlich die B- und die $(B - 1)$-
Komplemente:

---

[1]) Die erste Ungleichung entspricht dem Fall, daß 0 als positive Zahl dargestellt wird, so daß
$\bar{0} = 0$ ist, während die zweite Ungleichung in Kraft tritt, wenn 0 als negative Zahl behandelt wird,
wobei dann $\bar{0} = C$ wird.

Bei den *B-Komplementen* $(C = B)$ wird die Null immer als positive Zahl aufgefaßt. Das Rechnen mod B wird dadurch realisiert, daß der Übertrag von der höchsten Stelle (Einer), der ja ins Leere geht, unterschlagen wird; damit bleiben alle Zahlen automatisch im Intervall $0 \leq x < B = C$.

Beispiel: (Dezimal):

$$+ \ ,6857 \to 0,6857 \qquad\qquad - \ ,3456 \to 9,6544$$
$$- \ ,3928 \to 9,6072 \qquad\qquad - \ ,4321 \to 9,5679$$

fällt weg $\leftarrow\ \boxed{1}\ 0,2929$ fällt weg $\leftarrow\ \boxed{1}\ 9,2223$

also $x + y = 0,2929$ also $\overline{x + y} = \quad 9,2223$

$$x + y = -0,7777$$

Bei den $(B-1)$-*Komplementen* ist $C = B - \eta$, die Null wird dann zweckmäßig als negative Zahl betrachtet und folglich durch $B - \eta$ (alle Ziffern sind $B - 1$) dargestellt. Das Rechnen mod $B - \eta$ wird so realisiert, daß man den von der höchsten Stelle (Einer) ausgehenden Übertrag, der den Wert B hat, der letzten Stelle, deren Einheit den Wert η hat, zuführt. Dies ist der sogenannte *Endübertrag* (end around-carry), er entspricht offenbar einer Subtraktion von $B - \eta$.

Beispiele (B = 10, $N = 4$):

$$+ \ ,6857 \to 0,6857 \qquad\qquad - \ ,3456 \to 9,6543$$
$$- \ ,3928 \to 9,6071 \qquad\qquad - \ ,4321 \to 9,5678$$

$\boxed{1}\ 0,2928$ $\boxed{1}\ 9,2221$

Endübertrag $\longrightarrow 1$ Endübertrag $\longrightarrow 1$

Summe $\quad 0,2929$ $\overline{x + y} = \quad 9,2222$

Die Zuteilung der Null zu den negativen Zahlen bei Maschinen mit $(B - 1)$-Komplementen hat folgenden Grund:

Eine Summe von positiven Zahlen (auch konegative Zahlen sind ja positiv) kann nie 0 sein, so daß die Null als Rechenresultat im allgemeinen zunächst als C und nicht als 0 erscheint. Da aber bei $C = B - \eta$ der Endübertrag ausbleibt, erfolgt keine Reduktion mod C auf 0, sondern die Null bleibt als $\overline{0} = B - \eta$ im Rechenwerk und trägt damit alle Merkmale einer negativen Zahl.

Komplementbildung

Wenn eine negative Zahl aus dem Speicherwerk als Summand ins Rechenwerk übergeführt wird, so muß eine Komplementbildung erfolgen, und wenn man eine negative Summe speichern will, so muß wieder der Absolutbetrag mit Vorzeichen gebildet werden, wozu eine neue Komplementbildung erforderlich ist[1]. Es ist deshalb außerordentlich wichtig, eine einfache Regel für die Komplementbildung zu haben.

---

[1]) Einige Maschinen, nämlich Mark I [1] und IAS [20], verwenden allerdings die konegative Form der negativen Zahlen auch im Speicherwerk, was dann aber Multiplikation und Division kompliziert.

Wie man sich leicht überzeugt, erhält man das $(B-1)$-Komplement einer negativen Zahl einfach dadurch, daß man alle Ziffern ihres Absolutbetrages zu $B-1$ ergänzt. Im Dualsystem ist dies besonders einfach: Jede 0 ist durch L und jede L durch 0 zu ersetzen, was auch technisch sehr leicht durchzuführen ist. Falls aber die Verschlüsselung der 10 Ziffern des Dezimalsystems geeignet gewählt wird, genießt man dieselben Vorteile auch in diesem (vgl. Postulat C, § 3.2).

Um hingegen die B-Komplemente zu bilden, ist eine richtige Rechenoperation erforderlich; man kann nämlich zunächst das $(B-1)$-Komplement bilden und dann in der letzten Stelle eine 1 addieren. Obgleich dies eine sehr einfache Addition ist, muß doch damit gerechnet werden, daß sie eine ganze Reihe von Überträgen auslöst, weshalb die B-Komplementbildung wesentlich mehr Aufwand erfordert.

3.52. *Multiplikation*

Wenn negative Zahlen als Absolutbetrag mit Vorzeichen im Speicherwerk sind[1]), so werden Multiplikator (MP) und Multiplikand (MC) dem Rechenwerk in folgender Form zugeführt:

$$\text{MP: } x = \pm \sum_1^N x_k B^{-k}; \quad \text{MC: } y = \pm \sum_1^N y_k B^{-k}.$$

Dabei können die x_k und y_k, die Ziffern der beiden Faktoren, nur die Werte $0, 1, \ldots, B-1$ annehmen. Die Vorzeichen der beiden Faktoren werden im folgenden immer außer Betracht gelassen, weil die Maschine nur die Absolutbeträge multipliziert und nachher noch das Vorzeichen des Produkts bestimmt.

Die eigentliche Multiplikation wird nun so ausgeführt, daß jede Stelle des Multiplikators mit dem *ganzen* Multiplikanden multipliziert und das Ganze summiert wird, d. h. man bildet:

$$xy = \sum_1^N x_k\, y\, B^{-k}.$$

Die durch ein Beispiel $(B = 10, N = 4)$ angedeutete altbekannte Methode:

```
,1111 × ,9999 = ,09999
                 9999
                 9999
                 9999
                ————————
                ,11108889
```

ist in programmgesteuerten Rechenmaschinen, die mit Relais oder Elektronen-

---

[1]) Wenn die negativen Zahlen auch in komplementärer Form gespeichert werden, so müssen erst – wie bei Mark I – die Absolutbeträge gebildet werden, oder man kann auch direkt mit den eventuellen konegativen Zahlen zur Produktbildung schreiten. Hierüber Näheres in [20], Abschnitt 5.10 und 5.11, S. 16 ff.

röhren arbeiten, unökonomisch, weil es ein $(2\,N)$-stelliges Addierwerk braucht, um das Produkt zu bilden, während das in dieser Hinsicht sparsamere, ebenfalls wohlbekannte Verfahren der abgekürzten Multiplikation zu anderen Unzulänglichkeiten führt[1]).

Hingegen kann man bei Anwendung des nachstehend beschriebenen Algorithmus [Formel (3.5)] mit einem $N+1$-stelligen Addierwerk AC[2]) und einem N-stelligen Register MR auskommen (das Register MR muß nicht addieren können und ist deshalb konstruktiv wesentlich einfacher als AC):

$$
\left.
\begin{aligned}
p_N &= 0 \text{ (AC wird vor Beginn der Multiplikation gelöscht)} \\
p_{k-1} &= \frac{1}{B}\,(p_k + x_k\,y) \quad \text{für} \quad k = N,\, N-1,\, \ldots,\, 1 \\
x\,y &= p_0
\end{aligned}
\right\} \qquad (3.5)
$$

Realisiert wird dies dadurch, daß man die Stellen B^0, B^{-1}, ..., B^{-N} von p_k $(k = N, \ldots, 0)$ im Akkumulator AC und die Stellen B^{-N-1}, ..., B^{-2N} im Register MR aufbewahrt. Die Bildung von $p_{k-1} = B^{-1}\,(p_k + x_k\,y)$ erfordert dann, daß zunächst zu p_k ein ganzes Vielfaches von y, welches auch ein ganzes Vielfaches von $\eta = B^{-N}$ ist, addiert wird. Dieser Vorgang spielt sich allein in AC ab und bewirkt keinerlei Änderungen in MR. Alsdann hat noch eine Multiplikation mit B^{-1}, das heißt eine Verschiebung um eine Stelle nach rechts, und zwar *gemeinsam in AC und MR*, zu erfolgen; die letzte Stelle von AC wird dabei zur höchsten in MR.

Wir zeigen diesen Vorgang am Beispiel $x \times y = {,}2345 \times {,}6789$:

	AC	MR	(MR)
p_4	0 0000	****	(2345)
$p_4 + 5\,y = 10\,p_3$	3 3945	****	(2345)
p_3	0 3394	5***	(5234)
$p_3 + 4\,y = 10\,p_2$	3 0550	5***	(5234)
p_2	0 3055	05**	(0523)
$p_2 + 3\,y = 10\,p_1$	2 3422	05**	(0523)
p_1	0 2342	205*	(2052)
$p_1 + 2\,y = 10\,p_0$	1 5920	205*	(2052)
$p_0 = x\,y =$	0 1592	0205	(0205)

Wie man sieht, sind die mit einem Stern markierten Stellen in MR für das Ergebnis belanglos, da sie infolge der fortlaufenden Rechtsverschiebungen allmählich eliminiert werden. Man kann deshalb am Anfang der Multiplikation die N Stellen des Multiplikators in MR speichern und hat dann die für die Berechnung von p_{k-1} benötigte Ziffer x_k des Multiplikators immer genau in der letzten Stelle von MR zur Verfügung. Was das Register unter diesen Umständen enthält, ist in der obigen Tabelle rechts außen in Klammern angegeben.

---

[1]) Das Rechnen mit größerer Genauigkeit (§ 3.55) ist unmöglich.
[2]) Dieses wird natürlich auch für die in § 3.51 behandelte Addition verwendet.

Nach ausgeführter Multiplikation steht in den beiden Registern AC und MR das $(2\,N)$-stellige Produkt der beiden N-stelligen Faktoren zur Verfügung, nämlich die ersten N (sogenannte *wesentliche*) Stellen in AC, die letzten N (sogenannte *unwesentliche*) Stellen in MR. Normalerweise werden nur die wesentlichen Stellen des Produkts verwendet (dieses wird also auf N Stellen abgerundet, vgl. § 3.6), denn sämtliche N unwesentlichen Stellen sind als ungenau zu betrachten, wenn die beiden Faktoren mit Fehlern der Größenordnung η behaftet sind; sie werden jedoch für das Rechnen mit höherer Genauigkeit (§ 3.55) aktuell.

Die besprochene Methode [Formel (3.5)] ist prinzipiell für alle Zahlsysteme brauchbar. Aber beim Dualsystem wird sie besonders einfach, was einer der Vorzüge desselben ist. Die Operation

$$\frac{1}{2}\,(p_k + x_k\,y) = p_{k-1}$$

in (3.5) reduziert sich dann auf[1])

$$2\,p_{k-1} = \begin{cases} p_k & \text{für} \quad x_k = 0 \\[2mm] p_k + y & \text{für} \quad x_k = \text{L} \end{cases} \quad (k = N\,,\,\ldots,\,1) \qquad (3.6)$$

Beim Dezimalsystem (und auch bei allen andern Zahlsystemen mit $B > 2$) ist dagegen $x_k\,y$ im allgemeinen eine wenn auch einfache Multiplikation, die auf verschiedene Arten ausgeführt werden kann:

a) Durch fortlaufende Aufsummierung von y wie bei den Bürorechenmaschinen (Bell-Computer). Man kann die Arbeit dadurch etwas abkürzen, daß man für $x_k \geq 5$ von 10 an abwärts zählt; dies wird insbesondere beim Bell-Computer so gemacht.

b) Man bildet zuerst nach a die Vielfachen $2\,y$, $3\,y$, $4\,y$, $\ldots$ bis $9\,y$ und speichert diese in geeigneten Registern. Dann erst beginnt die Multiplikation gemäß (3.5), wobei diese Vielfachen verwendet werden (Mark I).

c) Man bildet nur die Vielfachen $2\,y$, $4\,y$, $5\,y$, aus denen man zusammen mit y in allen Fällen $x_k\,y$ durch höchstens eine Addition erhält (Mark II).

d) Durch die Methode der Links- und Rechtskomponenten[2]) (SSEC, Mark III und Lochkartenmaschinen):

Die Zahl $x_k\,y = \sum\limits_{1}^{N} x_k\,y_j\,B^{-j}$ wird in zwei Summanden zerlegt, indem man jedes der Elementarprodukte $x_k\,y_j$ wie folgt aufspaltet:

$$x_k\,y_j = B\,u_{kj} + v_{kj}\,, \quad \text{mit} \quad 0 \leq u,\,v < B\,.$$

---

[1]) Vgl. insbesondere Burks, Goldstine und Neumann [20].
[2]) Vgl. *Manual of Mark III* [4].

3

Dadurch wird nun:

$$x_k\, y = B \sum_1^N u_{kj}\, B^{-j} + \sum_1^N v_{kj}\, B^{-j} = B\, L(x_k\, y) + R(x_k\, y)$$

(zum Beispiel ist für $x_k = 7$; $y = ,7385$: $L = ,4253$; $R = ,9165$). Die Links-
und Rechtskomponenten aller Elementarprodukte

$$[0 \times 0 \text{ bis } (B - 1) \times (B - 1)]$$

müssen in einer solchen Maschine natürlich für immer gespeichert werden[1].

Gegenüberstellung der vier Methoden zur Bildung von $x_k\, y$: Die Anzahl der
Additionen zur Ausführung der Multiplikation N-stelliger Zahlen beträgt im
Dezimalsystem im *Mittel*:

$$\text{im Falle}\quad \text{a}: \ 4\tfrac{1}{2}\, N$$
$$\text{b}: \ 8 + N$$
$$\text{c}: \ 2\, N + 2$$
$$\text{d}: \ 2\, N\,.$$

Ferner beträgt die entsprechende Vergleichszahl im Dualsystem [Multiplikation
gemäß Formel (3.6)]: $1,66\, N$, weil im Dualsystem zur Erreichung derselben
Genauigkeit gemäß § 3.1 zirka 3,32mal so viele Stellen notwendig sind wie im
Dezimalsystem.

3.53. *Division und Quadratwurzel*

Während Addition, Subtraktion und Multiplikation Standardoperationen
sind, die in keiner vernünftigen Rechenmaschine fehlen dürfen, können nicht
alle programmgesteuerten Rechenmaschinen dividieren; zum Beispiel bilden
Mark II, EDSAC und Mark III den Quotienten nicht auf die übliche Weise,
sondern durch Multiplikation des Zählers mit dem auf andere Weise erhaltenen
reziproken Wert des Nenners[2]. Die Quadratwurzel wird sogar nur von wenigen
Maschinen (ENIAC, Bell Computer, Rechengerät von Zuse) nach dem bekannten elementaren Verfahren gezogen, die übrigen berechnen sie durch Auflösen
der Gleichung $x^2 = a$ nach dem Newtonschen Verfahren (§ 4.8).

Division. Sei y der Absolutbetrag des Nenners, z derjenige des Zählers. Da
nun die Maschine nur mit Zahlen rechnen kann, deren Absolutbetrag kleiner
als 1 ist, muß die Nebenbedingung $y > z$ erfüllt sein.

Die zweckmäßigste Art zu dividieren ist die Umkehrung der in § 3.52 dargelegten Methode der Multiplikation:

$$\left. \begin{aligned} p_0 &= z\,, \\[2mm] p_k &= B\, p_{k-1} - x_k\, y \quad (k = 1\,,\, ...,\, N)\,, \\[2mm] p_N &= B^N\text{-facher Rest der Division.} \end{aligned} \right\} \qquad (3.7)$$

---

[1] Vgl. hierüber § 5.14.

[2] Vgl. *Description of a Relay Calculator* [3], *Manual of Mark III* [4] sowie § 4.8 dieser Arbeit.

Dabei soll x_k die größte ganze Zahl mit der Eigenschaft sein, daß noch $p_k \geqq 0$ ist, dann ist $0,x_1x_2x_3 \cdots x_N$ der ohne Rücksicht auf die noch folgenden Stellen auf N Stellen abgerundete Absolutbetrag des Quotienten.

Realisiert wird der Algorithmus (3.7) dadurch, daß man zunächst p_0 nach AC bringt, eine Stelle nach links schiebt und dann so oft y subtrahiert, bis in AC eine negative Zahl erscheint. Wenn dies geschieht, wird einmal y addiert, um p_1 positiv zu machen (Wiederherstellung des positiven Restes). Dann verschiebt man eine Stelle nach links und subtrahiert wieder y usw.

Im folgenden Beispiel ist die dreistellige Division $0,352:0,546$ ausgeführt:

		AC	MC	(MC)
p_0		0 352	000	(000)
$10\,p_0$	$(x_1 = 6)$	3 520	000	(000)
p_1		0 244	000	(006)
$10\,p_1$	$(x_2 = 4)$	2 440	000	(060)
p_2		0 256	000	(064)
$10\,p_2$	$(x_3 = 4)$	2 560	000	(640)
p_3		0 376	000	(644)

Also ist 0,644 der abgerundete Quotient und 0,000376 der Rest. Da das Register MR hierbei unbenützt bleibt, kann man es zur Aufnahme der fortlaufend gebildeten Ziffern x_k des Quotienten benützen, was rechts nebenstehend in Klammern ausgeführt ist (vgl. den entsprechenden Kunstgriff bei der Multiplikation, § 3.52).

Dieses Verfahren bewährt sich gut bei Maschinen, welche negative Zahlen als B-Komplemente behandeln, aber mit $(B-1)$-Komplementen ist es besser, die Formeln (3.7) dahin abzuändern, daß man y und z durch $-y$ und $-z$ ersetzt, so daß dann x_k die größte Zahl mit der Eigenschaft ist, daß $p_k \leqq 0$ ist[1]).

Im übrigen kann die Methode natürlich für jedes Zahlsystem Verwendung finden, aber im Dualsystem läßt sich eine erhebliche Vereinfachung erzielen:

Division ohne Rückstellung des Restes im Dualsystem [20], [67]
(Non restoring division)

Der Algorithmus

$$p_0 = z\,,$$
$$\left.\begin{aligned} p_k &= 2\,p_{k-1} - y\,\mathrm{sgn}\,(p_{k-1}) \\ 2\,x_k &= 1 + \mathrm{sgn}\,(p_k) \end{aligned}\right\} \; k = 1, 2, \ldots, N \quad \right\} \qquad (3.8)$$

liefert den gesuchten Quotienten $z:y$ als $0,x_1x_2 \ldots x_N$ im Dualsystem, wobei die Reste p_k im Gegensatz zu (3.7) beliebiges Vorzeichen haben können.

Es gilt nämlich, wie man durch vollständige Induktion zeigen kann:

$$p_k = 2^k \left[z - \left(\sum_1^k x_j\, 2^{-j} \right) y \right] - (1 - x_k)\, y\,,$$

---

[1]) Vgl. A. Speiser, *Entwurf eines elektrischen Rechengerätes*, Dissertation ETH. (Zürich 1950).

woraus weiter folgt:

$$\left| z - \left(\sum_1^N x_k\, 2^{-k} \right) y \right| = 2^{-N}\, | p_N + (1 - x_N)\, y | \leqq 2^{-N} ,$$

denn entweder ist $p_N \geqq 0$, damit nach (3.8) $x_N = 1$, oder dann haben die beiden Glieder p_N und $(1 - x_N)\, y$ ungleiches Vorzeichen.

Die Division ohne Rückstellung des Restes kann im Prinzip auch auf das Dezimalsystem übertragen werden, bringt dort aber keine wesentlichen Vorteile.

Quadratwurzel. Da die bekannte elementare Methode des Quadratwurzelziehens nur eine Division mit variablem Divisor ist, kann man sie sehr wohl auf programmgesteuerte Rechenautomaten übertragen. Ein wirklich schönes Verfahren erhält man aber nur im Dualsystem, wenn man auf die Rückstellung des Restes verzichtet[1]), der Algorithmus, welcher die verzifferte Quadratwurzel $0,x_1 x_2 \ldots x_N$ von z liefert, lautet dann:

$$p_0 = z, \qquad x_0 = 0 ,$$

$$p_k = 2\left[p_{k-1} - \operatorname{sgn}\,(p_{k-1}) \left(2^{-k} + \sum_1^{k-1} x_j\, 2^{-j} \right) + 2^{-k-1} \right], \qquad (3.9)$$

$$2\, x_k = 1 + \operatorname{sgn}\,(p_k) .$$

Beweis: Wir zeigen vorerst, daß für $k > 0$

$$p_k = 2^k \left[z - \left(2^{-k} + \sum_1^{k-1} x_j\, 2^{-j} \right)^2 \right], \qquad (3.10)$$

was zunächst für $k = 1$ richtig ist, da wegen $z > 0$ immer $p_1 = 2\, z - 1/2$ ist.

Ferner folgt mit der Annahme $p_{k-1} = 2^{k-1} \left[z - \left(2^{-k-1} + \sum_1^{k-2} x_j\, 2^{-j} \right)^2 \right]$ aus (3.9):

$$p_k = 2^k \left[z - \left(2^{-k+1} + \sum_1^{k-2} x_j\, 2^{-j} \right)^2 \right] + 2^{-k} - 2\operatorname{sgn}\,(p_{k-1}) \left\{ 2^{-k} + \sum_1^{k-1} x_j\, 2^{-j} \right\} .$$

In beiden Fällen: $p_{k-1} \geqq 0$ $(x_{k-1} = \mathrm{L})$ und $p_{k-1} < 0$ $(x_{k-1} = 0)$ kann man diesen Ausdruck vereinfachen und zeigen, daß er mit (3.10) übereinstimmt. Damit ist (3.10) richtig, und man kann daraus ablesen, daß

$$\left| z - \left(\sum_1^N x_k\, 2^{-k} \right)^2 \right| < 3 \cdot 2^{-N} , \qquad \text{w.z.b.w.}$$

3.54. *Skalarfaktoren*

Beim Rechnen mit einer Maschine mit festem Komma müssen alle in der Maschine auftretenden Zahlen im Intervall $-1 < x < 1$ gehalten werden, was nicht leicht ist, da ja Addition und Division aus diesem Bereich herausführen. Das Überschreiten oder Erreichen dieser Grenzen beim Addieren nennt man das *Überfließen* des Addierwerks AC. Zwar hat letzteres eine Einerstelle, so daß die Summe in AC noch korrekt gebildet wird, aber beim Speichern entstehen Fehler, weil die Speicherzellen diese Einerstelle nicht haben. Obwohl die

---

[1]) Diese Methode stammt von K. Zuse [67].

meisten Maschinen in einem solchen Falle Alarm geben, muß das Überfließen des Addierwerks unter allen Umständen verhindert werden (durch sorgfältige Vorbereitung des Problems), weil die Untersuchung der Situation und die Behebung des Übelstandes sehr zeitraubend sind:

Wie schon erwähnt, muß ein numerisches Problem eventuell zuerst einer Transformation unterworfen werden, damit alle Rechengrößen — die zunächst noch ganz unbekannt sind — ins Intervall $-1 < x < 1$ zu liegen kommen, das heißt, man gibt eine Zahl x als $x^* = B^{-m} x$ in die Maschine ein, wobei m eine durch Abschätzung erhaltene ganze Zahl mit der Eigenschaft $|x| < B^m$ ist[1]). Es empfiehlt sich aber als Sicherheitsmaßnahme, den Exponenten m etwas größer zu wählen, als unbedingt notwendig erscheint.

Die in einem Problem auftretenden Zahlen können nun in Klassen von solchen, die mit dem gleichen Skalarfaktor B^{-m} ins Intervall $(-1, 1)$ reduziert worden sind, eingeteilt werden. Es ist dabei in den meisten Fällen möglich, die Klasseneinteilung durch die den Rechengrößen in der physikalischen Formulierung des Problems anhaftenden Maßeinheiten und Dimensionen vorzunehmen. Es müssen dann kaum jemals Größen verschiedener Klassen addiert werden, so daß die Addition keine Probleme aufwirft (andernfalls hätte man mit ähnlichen Komplikationen zu rechnen wie bei Maschinen mit beweglichem Komma).

Bei Multiplikation und Division sind jedoch Stellenverschiebungen die Regel:

Es sollen $z = xy$ und $w = x/y$ gebildet werden, wobei die vier Größen x, y, z, w bzw. als $x^* = B^{-p} x$, $y^* = B^{-q} y$, $z^* = B^{-r} z$ und $w^* = B^{-s} w$ in der Maschine seien. Dann ist:

$$z^* = B^{-r} xy = B^{-r} B^p B^q (x^* y^*) = B^{p+q-r} (x^* y^*),$$

$$w^* = B^{-s}\left(\frac{x}{y}\right) = B^{-s} B^p B^{-q}\left(\frac{x^*}{y^*}\right) = B^{p-q-s}\left(\frac{x^*}{y^*}\right), \text{ also:}$$

Nach jeder Multiplikation ist noch eine Verschiebung des Produkts um $p + q - r$ Stellen nach links notwendig[2]), ebenso nach jeder Division eine Verschiebung um $p - q - s$ Stellen nach links.

Dabei sind p, q, r, s die Exponenten der Klassen, denen x, y, z, w angehören.

3.55. *Rechnen mit höherer Genauigkeit*[3])

Die programmgesteuerten Rechenmaschinen, soweit sie mit festem Komma arbeiten, können trotz ihrer begrenzten Stellenzahl mit beliebig großer Genauigkeit rechnen, sofern man den Mehraufwand in Kauf zu nehmen gewillt ist. Als extremes Beispiel sei erwähnt, daß die Zahlen e und π auf der zehnstelligen

---

[1]) Zahlen, die ihrer Natur nach ganz sein müssen, versieht man zweckmäßig mit dem Skalarfaktor $\eta = B^{-N}$; dies läuft darauf hinaus, daß man sich in diesen speziellen Fällen das Komma in der Maschine hinter der letzten Ziffer denkt.

[2]) Unter einer Linksverschiebung um $-n$ Stellen ist natürlich eine Rechtsverschiebung um n Stellen zu verstehen. Außerdem sind Stellenverschiebungen immer von der in § 3.52 beschriebenen Art, d. h. gleichzeitig in AC und MR.

[3]) Vgl. [15] und [24], Bd. 1, § 9.8 ff.

ENIAC in zirka 80 Stunden auf je 2000 Dezimalen genau berechnet worden sind [46].

Das Rechnen mit $(n\,N)$-stelligen Zahlen auf einer N-stelligen Maschine verläuft nun nach folgendem Prinzip: Die zur Basis B verschlüsselte Zahl $x = \sum_1^{nN} x_k B^{-k}$ wird vom Komma aus in Gruppen von je N Ziffern, das heißt in n N-stellige Zahlen ξ_j aufgespalten, was einer Aufspaltung der obigen Summe nach

$$x = \sum_1^{nN} x_k\, B^{-k} = \sum_1^{n} \xi_j (B^N)^{-j}$$

entspricht, wobei die ξ_j ganze Zahlen mit $0 \leq \xi_j < B^N$ sind. Zum Beispiel $N = 3$, $n = 2$, $x = 0{,}738291$: $\xi_1 = 738$, $\xi_2 = 291$.

Man kann die ξ_j auch als «Ziffern» der Zahl x in einem Zahlsystem mit der Basis B^N auffassen. In der Maschine wird nun eine solche Zahl x durch ihre n N-stelligen «Komponenten» $\xi_1, \xi_2, \ldots, \xi_n$ dargestellt und benötigt deshalb n Zellen zum Speichern. Das Rechnen mit solchen Zahlen x, y, $\ldots$ muß auf das Rechnen mit ihren N-stelligen Komponenten ξ_j, η_j, $\ldots$, welche die Maschine verarbeiten kann, zurückgeführt werden und soll im folgenden behandelt werden. Es ist allerdings zu beachten, daß die Komponenten durchwegs ganze Zahlen sind, so daß in diesem Abschnitt das Komma bei allen Zahlen und auch in den Zählwerken immer am Schluß der Ziffernfolge ausgefaßt werden soll.

Addition: $z = x + y = \sum_1^{n} (\xi_j + \eta_j)\, B^{-Nj} = \sum_1^{n} \zeta_j\, B^{-Nj}$. Weil nun $\xi_j + \eta_j \geqq B^N$ sein kann, ist nicht einfach $\zeta_j = \xi_j + \eta_j$, sondern es sind gemäß nachstehendem Algorithmus noch Gruppenüberträge v_j zu berücksichtigen:

$$\left.\begin{aligned}
&v_n = 0\,, \\
&\zeta_j = \xi_j + \eta_j + v_j \pmod{B^N} \\
&v_{j-1} = \text{ganzer Teil von } B^{-N}\,(\xi_j + \eta_j + v_j)
\end{aligned}\; \right\}\ (j = n\,, \ldots, 2, 1) \left.\vphantom{\begin{aligned}&\\&\\&\end{aligned}}\right\} \quad (3.11)$$

v_{j-1} ist der bei der Addition von $\xi_j + \eta_j + v_j$ im Rechenwerk entstehende Überfluß[1]).

Die Subtraktion wird natürlich durch Komplementbildung auf die Addition zurückgeführt, zum Beispiel ($N = 2$, $n = 3$):

$+\ ,529373 \rightarrow$ 0'52	0'93	0'73		$-\ ,529373 \rightarrow$ 9'47	0'06	0'26
$-\ ,352589 \rightarrow$ 9'64	0'74	0'10		$+\ ,352589 \rightarrow$ 0'35	0'25	0'89
(1) 0'16	(1) '67	0'83			9'82	0,31	(1) '15
$+\ ,176784 \leftarrow$ 0'17	0'67	0'84		$-\ ,176784 \leftarrow$ 9'82	0'32	0'15

<hr>

[1]) In diesem speziellen Fall sind Überflüsse toleriert und dürfen die Maschine nicht zum Anhalten bringen, nur dürfen sie nicht verlorengehen, sondern müssen zur nächst höheren Gruppe addiert werden.

(Die Stelle, wo das Komma im Rechenwerk normalerweise zu denken ist, ist durch ein hochgestelltes Komma angedeutet). Wie man sieht, werden nur in der vordersten Komponente normale $(B-1)$-Komplemente (mit dieser Kommastellung Ergänzung auf $B^{N+1}-1$) verwendet, in den hinteren Gruppen wird auf B^N-1 ergänzt.

Multiplikation[1]). Das exakte Produkt der beiden positiven Zahlen $x = \sum_1^n \xi_j\, B^{-Nj}$ und $y = \sum_1^n \eta_j\, B^{-Nj}$ ist eine $(2nN)$-stellige Zahl, von der aber wie bei der gewöhnlichen Multiplikation meist nur der aus den ersten nN Stellen bestehende Teil $\sum_1^n \zeta_i\, B^{-iN}$ gebraucht wird. Es ist nun $xy = \sum_1^n \sum_1^n \xi_j\, \eta_k\, B^{-N(j+k)}$, wobei man mit den «Elementarprodukten» $\xi_j\, \eta_k$ ganz analog vorgeht wie bei der Methode der Links- und Rechtskomponenten, indem man sie wie folgt zerlegt:

$$\xi_j\, \eta_k = B^N \lambda_{jk} + \varrho_{jk}.$$

Dabei sind die ganzen Zahlen λ_{jk} und ϱ_{jk} der wesentliche bzw. unwesentliche Teil des Produktes $\xi_j\, \eta_k$. Man erhält so schließlich die Darstellung

$$\left.\begin{aligned} v_0 &= 0,\\[4pt] \zeta_i &= \sum_1^i \lambda_{j,i+1-j} + \sum_1^{i-1} \varrho_{j,i-j} + v_i \pmod{B^N}\\[4pt] v_{i-1} &= \text{ganzer Teil von } B^{-N}\left(\sum \lambda_{i,i+1-j} + \sum \varrho_{j,i-j} + v_i\right); \end{aligned}\right\} \quad (3.12)$$

für die (nN)-stellige Zahl $z^* = \sum_1^n \zeta_i\, B^{-Ni}$, die, wie man zeigen kann, bis auf einen Fehler von höchstens $2n-1$ Einheiten der letzten Stelle mit dem Produkt $z = xy$ übereinstimmt. Der Algorithmus (3.12) vereinfacht sich im weitaus meistgebrauchten Fall der doppelten Genauigkeit zu

$$\left.\begin{aligned} \zeta_2 &= \lambda_{12} + \lambda_{21} + \varrho_{11} \pmod{B^N}\\[4pt] \zeta_1 &= \lambda_{11} + \text{ganzer Teil von } B^{-N}(\lambda_{12} + \lambda_{21} + \varrho_{11}). \end{aligned}\right\} \quad (3.13)$$

Beispiel ($N = 2$, $n = 2$): $,7175 \times ,4492 = ,32230100$ (exakt).

$$71 \times 92 = 6532, \quad \lambda_{12} = 65$$
$$74 \times 44 = 3300, \quad \lambda_{21} = 33$$
$$71 \times 44 = 3124, \quad \varrho_{11} = 24, \quad \lambda_{11} = 31$$
$$\textcircled{1}\,22,$$
$$\longrightarrow \quad v_1 = 1,$$
$$\zeta_2 = 22 \quad \zeta_1 = 32 \text{ also } z^* = ,3222$$

Die *Division* mit mehrfacher Genauigkeit wird durch Multiplikation des Zählers mit dem reziproken Wert des Nenners bewerkstelligt, welch letzterer

---

[1]) Vgl. auch W. EBERL, *Znr Multiplikation reeller Zahlen*, ZAMP *1*, 411 (1950).

durch ein Iterationsverfahren bestimmt wird (vgl. § 4.8), wobei der reziproke Wert der höchsten Komponente als erste Approximation dient. Entsprechendes gilt für die *Quadratwurzel*.

Es ist ganz klar, daß das Rechnen stark verlangsamt wird, sobald die Stellenzahl der Maschine nicht mehr genügt und man deshalb mit mehrfacher Genauigkeit arbeiten muß. v. Neumann [24] Bd. 1, Kap. 9, zum Beispiel rechnet mit achtfacher Rechenzeit für doppelte Genauigkeit.

3.6 *Aufrunden*

Die programmgesteuerten Rechenmaschinen rechnen mit Dezimal- oder Dualbrüchen fester Stellenzahl N. Da nun gewisse Rechenoperationen — insbesondere Multiplikation und Division, bei beweglichem Komma auch die Addition — aus diesem Zahlenbereich herausführen, muß man die überschüssigen Stellen weglassen, womit die Resultate verfälscht werden. Es sind folgende Aufrundungsregeln im Gebrauch (vgl. auch Fig. 4)[1]:

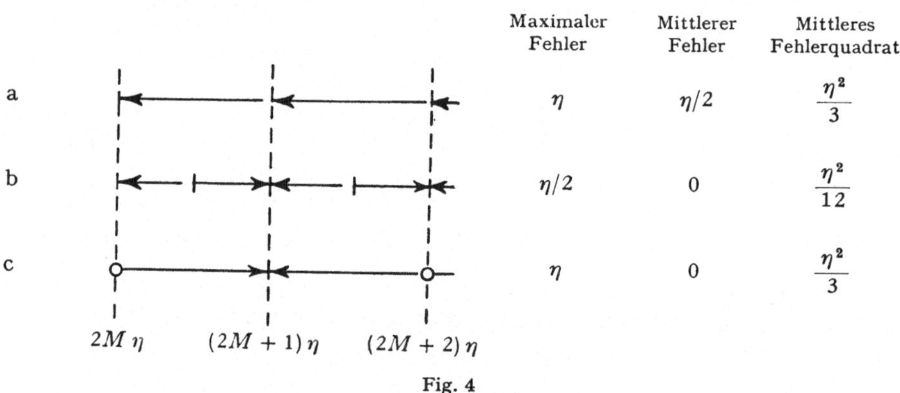

	Maximaler Fehler	Mittlerer Fehler	Mittleres Fehlerquadrat
a	η	$\eta/2$	$\dfrac{\eta^2}{3}$
b	$\eta/2$	0	$\dfrac{\eta^2}{12}$
c	η	0	$\dfrac{\eta^2}{3}$

Fig. 4
Aufrundungsregeln.

a) Die überschüssigen Stellen fallen einfach weg.

b) Die letzte nicht weggelassene Stelle wird um 1 erhöht, falls der weggelassene Teil $\geqq \eta/2$[2]) ist, d. h. man addiert zuerst $\eta/2$ und handelt dann nach a.

c) Die letzte nicht weggelassene Stelle wird gleich der nächstliegenden ungeraden Ziffer gemacht, es sei denn, der weggelassene Teil sei genau 0. Dies heißt sowohl bei einer rein dualen als auch bei einer dezimalen Maschine, welche die ungeraden Ziffern durch ungerade Tetraden verschlüsselt, daß die letzte Dualziffer der Zahl L zu machen sei, ohne die übrigen zu verändern.

---

[1]) Vgl. Abschnitt 5.12 bei [40].
[2]) $\eta =$ eine Einheit der letzten Stelle (wie in § 3.51).

Es ist nun sehr wichtig, daß die Rundungsregel symmetrisch sei, d. h. daß der mittlere Fehler verschwinde, weil dieser sich besonders gefährlich auswirkt.

Infolgedessen scheidet die Rundungsregel a aus. Da unter den symmetrischen Regeln c vor b den Vorteil hat, daß man den weggelassenen Teil nicht kennen muß und daß das Aufrunden keine Überträge auslöst, wird sie vor allem beim Dividieren verwendet (bei Mark II für alle Operationen).

Für konegative Zahlen — insbesondere mit $(B-1)$-Komplementen — wird Aufrunden komplizierter[1]), so daß man meist nur die Absolutbeträge rundet.

Beispiel für Regel b (Runden auf zwei Stellen nach dem Komma):

Zehnkomplement	Neunkomplement
$-\ ,2235 \to 9{,}7765$	$9{,}7764$
$\tfrac{1}{2}\eta \to\ +50$	-50
$-0{,}22\ \leftarrow 9{,}78(15)$	$9{,}77(14)$

Während man also bei B-Komplementen *immer* $\eta/2$ vor dem Weglassen addieren muß, muß man im Fall der $(B-1)$-Komplemente bei negativen Zahlen $\eta/2$ *subtrahieren*.

3.7 *Übersetzen vom Dezimal- ins Dualsystem und umgekehrt*

Da das Dualsystem bei den rein dualen Maschinen (§ 3.1) eine rein interne Angelegenheit ist, müssen die von außen kommenden und deshalb im Dezimalsystem gegebenen Anfangswerte eines Problems zuerst ins Dualsystem umgerechnet werden; außerdem hat am Ende der Rechnung eine Rückübersetzung ins Dezimalsystem zu erfolgen.

Um hierzu nicht noch ein spezielles Rechengerät bauen zu müssen, läßt man diese Übersetzungsarbeit von der Rechenmaschine selbst ausführen, wobei sich aber eine spezielle Schwierigkeit ergibt: Die Maschine rechnet rein dual, muß aber anderseits mit dezimalen Zahlen umgehen können, um sie ins Dualsystem zu übersetzen. Diese Schwierigkeit wird dadurch behoben, daß man die dezimalen Zahlen verschlüsselt, und zwar durch die direkte Verschlüsselung (§ 3.2). Der Einfachheit halber wollen wir uns im folgenden auf Maschinen mit festem Komma beschränken, so daß nur echte Dezimalbrüche zu übersetzen sind. Sei also die Zahl $x = \sum\limits_{1}^{M} x_k\, 10^{-k}$ M-stellig dezimal (dual verschlüsselt) in der Maschine. Jede der Ziffern x_k ist als vierstellige Dualziffer dargestellt, so daß die ganze Zahl $4\,M$ Dualziffern braucht, welches gerade die Kapazität der Maschine sein soll. Wenn man diese $4\,M$ Dualziffern als eine reine Dualzahl auffaßt, stellt sie die von x völlig verschiedene Zahl $y = \sum\limits_{1}^{M} x_k\, 16^{-k}$ dar. Tatsächlich

---

[1]) A. Burks, *Digital Machine functions*, Lecture 8 in [39].

wird dies von der Maschine auch so aufgefaßt, so daß die Aufgabe, vom Standpunkt der Maschine aus gesehen, darin besteht, im Dualsystem aus der Zahl y die Zahl x zu berechnen, was durch folgenden Algorithmus geleistet wird[1]:

$$
\left.
\begin{aligned}
&p_0 = y, \quad q_0 = 0, \\[4pt]
&\left.
\begin{aligned}
x_k &= \text{ganzer Teil} \\[4pt]
p_k &= \text{gebrochener Teil}
\end{aligned}
\right\} \text{ von } 16\, p_{k-1}{}^{2})
\quad \left.\right\} k = 1, 2, \ldots, M \\[4pt]
&q_k = 10\, q_{k-1} + 16^{-M}\, x_k \\[4pt]
&x = \frac{q_M}{0{,}625^M}
\end{aligned}
\right\} \tag{3.14}
$$

Die Zahl $0{,}625^M$, welche eine Maschinenkonstante ist, wird natürlich ein für allemal in der Maschine gespeichert.

Die Rückübersetzung ins Dezimalsystem ist noch wesentlich einfacher[3]: Sei die Zahl x, $|x| < 1$ im Dualsystem gegeben, gesucht ist dieselbe Zahl dual verschlüsselt im Dezimalsystem.

$$
x = \sum_1^M x_k\, 10^{-k} \quad (x_k = \text{Tetraden}) .
$$

Die Maschine berechnet natürlich nicht x, sondern wieder die Zahl $y = \sum_1^M x_k\, 16^{-k}$, welche dual geschrieben gleich lautet wie die dual verschlüsselte Dezimalzahl x:

$$
\left.
\begin{aligned}
&p_0 = x, \quad q_0 = 0, \\[4pt]
&\left.
\begin{aligned}
x_k &= \text{ganzer Teil} \\[4pt]
p_k &= \text{gebrochener Teil}
\end{aligned}
\right\} \text{ von } 10\, p_{k-1}
\quad \left.\right\} k = 1, 2, \ldots, M \\[4pt]
&q_k = 16^{-M}\, x_k + 16\, q_{k-1}, \\[4pt]
&y = q_M .
\end{aligned}
\right\} \tag{3.15}
$$

---

[1] Im wesentlichen bei v. Neumann und Goldstine [24], Bd. 1, Kap. 9. Eine davon abweichende Methode wurde für die EDVAC gegeben [34].

[2] Der ganze Teil von $16\, p_{k-1}$ wird praktisch folgendermaßen bestimmt:

Man bildet das Produkt $16^{1-M}\, p_{k-1}$, dann erhält man in MR den gebrochenen, in AC dagegen den ganzen Teil von $16\, p_{k-1}$, wobei in AC das Komma am Ende der Zifferngruppe zu denken ist. Denkt man hingegen in AC das Komma normal am Anfang, so ist die in AC stehende Zahl gerade die bei der Berechnung von q_k auftretende Größe $16^{-M}\, x_k$.

[3] Im wesentlichen bei v. Neumann und Goldstine [24], Bd. 1, Kap. 9. Eine davon abweichende Methode wurde für die EDVAC gegeben [34].

§ 4. Vorbereitung von Rechenplänen

Wie bereits in § 1 dargelegt, müssen der Maschine vor Beginn der Rechnung in Form sogenannter «Befehle» ausführliche Instruktionen erteilt werden, nach denen sie arbeiten soll. Es soll nun eingehend behandelt werden, wie man einen solchen Rechenplan aufstellt.

4.1. *Allgemeiner Gang der Vorbereitung*

Die Vorbereitung eines Problems für die Durchrechnung auf einer programmgesteuerten Rechenmaschine schließt folgende Phasen ein:

a) Das Problem, das dem Rechenbüro in sehr allgemeiner Form (technisch-physikalische Formulierung) gegeben wird, muß *mathematisch* formuliert werden. Zum Beispiel wird die Bestimmung der kritischen Drehzahl einer Turbine mathematisch zu einer Eigenwertaufgabe.

b) Für das nun mathematische Problem muß ein wohldefiniertes numerisches Verfahren angegeben werden (numerische Formulierung). Beispielsweise kommt für die Lösung des Eigenwertproblems das Ritzsche Verfahren in Frage, welches auf die Bestimmung der Eigenwerte einer Matrix hinausläuft, welche nach einem der bekannten Verfahren ausgeführt werden kann.

c) Wenn auch das angegebene Verfahren alle zur Lösung des Problems notwendigen Angaben enthält, ist zur wirklichen Lösung mit einem Rechenautomaten eine Zergliederung der numerischen Formeln in die einzelnen arithmetischen Operationen notwendig, wie es ja auch für die Durchrechnung auf einer Bürorechenmaschine gemacht werden muß. Außerdem werden hier die sogenannten *logischen Operationen* eingefügt (vgl. § 4.3), welche die fehlende Entschlußkraft der Maschine ersetzen sollen.

Arithmetische und logische Operationen faßt man unter dem Sammelnamen *Recheninstruktionen* zusammen; ihre Gesamtheit ist das *Rechenprogramm* des Problems. Es ist dies im Grunde genommen nichts anderes als eine so ausführliche Beschreibung der numerischen Lösung, daß sie selbst einem ganz unintelligenten Rechner — und dies ist ja die Maschine — die Durchführung der Rechnung ermöglicht.

d) Das Rechenprogramm muß noch in die Sprache der Maschine übersetzt werden, indem man für jede Recheninstruktion den entsprechenden Befehl (evtl. mehrere) in verschlüsselter Form auf Lochstreifen oder Stahlband «schreibt». Man erhält so die zum Problem gehörige *Befehlsreihe* in linearer Anordnung, die man in die Maschine einführt. Erst dann ist die Rechenmaschine startbereit.

Zur Abgrenzung der Begriffe «Rechenprogramm» und «Befehlsreihe» (letztere auch Rechenplan genannt, englisch: *coded sequence*) sei nochmals hervorgehoben, daß das Rechenprogramm die durch Formeln und Vorschriften ausgedrückte, noch sehr allgemein gehaltene numerische Lösung der gestellten

Aufgabe ist, die an sich für jeden Automaten paßt; demgegenüber bezieht sich die Befehlsreihe immer auf eine spezielle Rechenmaschine.

4.2. *Struktur eines numerischen Problems*

Die meisten umfangreichen Rechenprobleme sind *zyklisch*, das heißt, es handelt sich im wesentlichen darum, dieselbe Gruppe von Formeln immer wieder auszuwerten, wobei sich einzig die einzusetzenden Zahlen ändern. Die auszuführenden Rechenoperationen sind damit bei jeder Auswertung dieselben, so daß die Befehle für eine wiederholt auszuwertende Formel nur einmal aufgestellt werden müssen.

Zwei triviale Beispiele sollen den Sachverhalt etwas näher beleuchten:

a) Tabellierung des Polynoms $y = \sum a_k \, x^k$ für gegebene x-Werte: $x_1, x_2, \ldots, x_m$.

b) Numerische Integration der Differentialgleichung $y' = f(x, y)$ mit folgendem Näherungsverfahren:

$$y_{k+1} = y_{k-1} + 2\,h\,f(x_k, y_k),$$

wobei h die Länge des Integrationsschrittes bedeutet und y_k für $y(x_k) = y(k\,h)$ steht. Es ist dabei vorausgesetzt, daß am Anfang — etwa vermöge der mitgegebenen Anfangsbedingung — y_0 und y_1 bekannt seien.

Beiden Fällen ist gemeinsam, daß sehr oft dieselbe Formel auszuwerten ist; aber es besteht doch ein fundamentaler Unterschied: Im Fall a ist die Berechnung von $y_i = \sum\limits_k a_k \, x_i^k$ von der Berechnung von y_j völlig unabhängig; man kann also, wenn die Formel $\sum a_k \, x^k$ beispielsweise in p Einzeloperationen zerfällt, zuerst einmal für alle x_i die erste dieser Operationen ausführen, dann wieder für alle x_i die zweite Operation usw. (anstatt für *ein x* die ganze Formel durchzurechnen und dann das nächste x aufzugreifen).

Man kann also die ganze Rechnung für sämtliche x-Werte parallel durchführen, weshalb wir das Problem a *parallel-zyklisch* nennen wollen.

Dagegen ist im Fall b die Berechnung von y_{k+1} wesentlich von y_k abhängig, indem ja direkt y_k in der Formel auftritt. Somit kann die Berechnung von y_{k+1} nicht vor Beendigung der Berechnung von y_k begonnen werden; man muß also die einzelnen Integrationsschritte nacheinander ausführen, weshalb das Problem b *serie-zyklisch* genannt werden soll.

Die programmgesteuerten Rechenmaschinen eignen sich nun vorzüglich für serie-zyklische Probleme und sind damit universal, da man ein parallel-zyklisches Problem natürlich ebensogut in Serie rechnen kann. Dagegen eignen sich die Lochkartenmaschinen nicht für das Rechnen in Serie, sie sind vielmehr darauf angewiesen, ein Problem für viele Parameterwerte parallel durchzurechnen (nämlich immer eine Einzeloperation mit *sehr vielen* Lochkarten).

Da also der Unterschied zwischen serie- und parallel-zyklischen Problemen bei programmgesteuerten Rechenmaschinen dahinfällt, wollen wir die Aufmerksamkeit andern Fragen zuwenden. Zuvor jedoch eine kleine Rentabilitätsbetrachtung:

Der Einsatz einer programmgesteuerten Rechenmaschine lohnt sich um so eher, je häufiger jeder Befehl des Rechenplans im Mittel ausgeführt wird, weil dann die relativ hohen Kosten der Vorbereitung weniger ins Gewicht fallen. Tatsächlich ist der Aufwand für die Aufstellung eines Rechenplans wesentlich größer als die einmalige Durchrechnung aller Befehle desselben auf einer Bürorechenmaschine. Es wäre also ganz abwegig, für ein völlig unzyklisches Problem eine programmgesteuerte Rechenmaschine heranzuziehen.

4.3. *Die Sprungbefehle (vgl. auch § 1.2)*

Im allgemeinen werden die Recheninstruktionen in der Reihenfolge niedergeschrieben, wie sie später von der Maschine ausgeführt werden sollen. Soll aber ein Ausschnitt aus einem solchen Rechenprogramm — etwa aus den Instruktionen J_m, J_{m+1}, ..., J_{m+k-1} bestehend — zyklisch sein, das heißt mehrmals durchlaufen[1]) werden, so bedarf es einer besonderen Instruktion, um dies zu erreichen: Man fügt nach J_{m+k-1} die Instruktion

$$J_{m+k}: \text{ Gehe nach } J_m$$

in das Rechenprogramm ein; alsdann wird bei J_{m+k} die normale Reihenfolge unterbrochen, und es kommt als nächste Instruktion nicht J_{m+k+1}, sondern J_m zur Ausführung (nachher geht es normal weiter nach J_{m+1}, J_{m+2} usw.). Eine solche Instruktion wie J_{m+k} heißt aus naheliegenden Gründen ein *unbedingter Sprungbefehl* (unconditional call, unconditional transfer order).

Wie man aber sieht, müßte so ein einmal eingeleiteter Zyklus unendlich oft durchlaufen werden; es muß daher noch die Möglichkeit geschaffen werden, den Zyklus auch wieder zu verlassen. Zu diesem Zweck wurde außer dem unbedingten noch ein *bedingter Sprungbefehl* (conditional call, conditional transfer order) eingeführt, der wie folgt formuliert werden kann:

J_{m+k}: Gehe nach J_m, falls eine gewisse, in der Maschine errechnete Zahl Cc positiv ist[2]), andernfalls gehe normal weiter zur Instruktion J_{m+k+1}[3]).

Die kritische Zahl, welche den weiteren Fortgang der Rechnung entscheidend beeinflußt, ist in Anlehnung an die englische Bezeichnung «conditional call» immer mit Cc bezeichnet.

Wenn man diesen bedingten Sprungbefehl nach J_{m+k-1} einsetzt, so hat man die Möglichkeit, die Zahl Cc, welche zunächst positiv sein muß, negativ oder gleich Null zu machen, sobald der Zyklus genügend oft durchlaufen wurde;

---

[1]) «Durchlaufen» steht im folgenden immer als Abkürzung für: «die Instruktionen der Reihe nach ausführen».

[2]) Bei einer Maschine, die mit B-Komplementen arbeitet, lautet die Sprungbedingung zweckmäßiger: «Falls eine gewisse Zahl *nicht negativ* ist.»

[3]) Der Zusatz «Andernfalls gehe normal weiter...» wird künftig immer weggelassen werden.

alsdann beginnt die Rechnung nicht wieder bei J_m, sondern geht weiter nach J_{m+k+1}.

Ist die Zahl N der Wiederholungen eines Zyklus vorausbestimmt, wie etwa bei der schrittweisen Integration einer Differentialgleichung, wo jedem «Umlauf» des Zyklus ein Integrationsschritt entspricht, kann man beispielsweise die folgende Anordnung treffen:

$$
\begin{array}{ll}
J_1 \\
\vdots \qquad\Big\} & \text{Beginn der Rechnung, Einführung der Anfangsbedingungen.} \\
J_{m-2} \\
J_{m-1} & Cc = N \text{ setzen.} \\
J_m \\
\vdots \qquad\Big\} & \text{Auswertung der Formel für die Integration} \\
\vdots & \text{(zum Beispiel nach Runge-Kutta).} \\
J_{m+k-2} \\
J_{m+k-1} & Cc \text{ um 1 verkleinern.} \\
J_{m+k} & \text{Gehe nach } J_m, \text{ falls } Cc \text{ positiv ist.} \\
J_{m+k+1} & \text{Schluß der Rechnung.}
\end{array}
$$

Cc ist dann am Anfang und während des 1. Umlaufes des Zyklus $= N$, wird also am Ende des 1. Umlaufes $N - 1$; entsprechend am Ende des N-ten Umlaufes $= 0$ (erstmalig nicht mehr positiv), so daß die Rechnung genau nach N Umläufen abgebrochen wird.

Dagegen muß der Zyklus bei einem Iterationsprozeß so lange durchlaufen werden, bis die angestrebte Genauigkeit erreicht ist. Man setzt in diesem Falle

$$Cc = |\delta| - \tau,$$

wobei τ eine gewisse vorgegebene Toleranz, δ die Differenz von zwei aufeinanderfolgenden Approximationen des gesuchten Grenzwertes ist. Wie man sieht, wird Cc negativ — und damit die Iteration abgebrochen — sobald diese Differenz kleiner als die gegebene Toleranz τ ist.

Mit Hilfe der Sprünge können übrigens auch Fallunterscheidungen gemacht werden, die ja in der Mathematik eine außerordentlich wichtige Rolle spielen; zum Beispiel:

$$
\begin{array}{ll}
J_{70}: & \ldots\ldots \\
J_{71}: & \text{Gehe nach } J_{75}, \text{ falls } x \text{ positiv ist.} \\
J_{72}: & \text{Gehe nach } J_{76}, \text{ falls } -x \text{ positiv ist.} \\
J_{73}: & \text{[Formel (1)].} \\
J_{74}: & \text{Gehe nach } J_{78}. \\
J_{75}: & \text{[Formel (2)].} \\
J_{76}: & \text{Gehe nach } J_{78}. \\
J_{77}: & \text{[Formel (3)].} \\
J_{78}: & \ldots\ldots
\end{array}
$$

In diesem Fall wird zwischen J_{70} und J_{78} Formel (2), (1) oder (3) ausgewertet, je nachdem $x > 0$, $x = 0$ oder $x < 0$ ist.

4.4. *Das Strukturdiagramm*[1])

Es hat sich als vorteilhaft erwiesen, die Recheninstruktionen schematisch so anzuordnen, wie sie bei der Durchrechnung der Aufgabe durchlaufen werden; ein zyklischer Ausschnitt aus einem Rechenprogramm tritt in diesem Schema dann als geschlossene Schleife auf. Beispielsweise erhält man so für das in § 4.3 erwähnte Beispiel (Instruktionen J_m, J_{m+1}, ..., J_{m+k-1}, J_{m+k}):

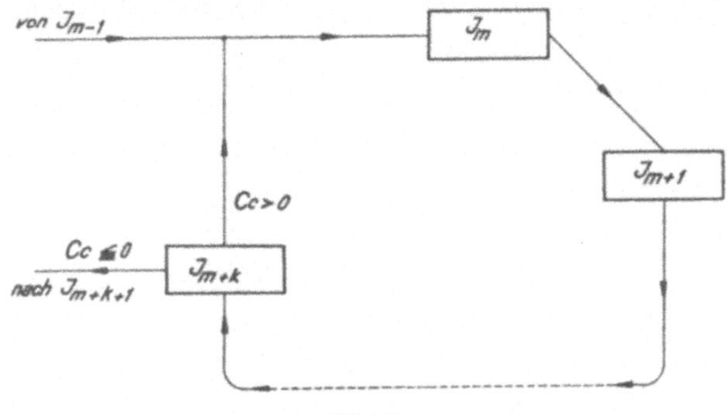

Fig. 5

Es ist evident, daß eine Schleife so oft durchlaufen wird, als die kritische Zahl Cc noch positiv ist. Als Variante kann aber der bedingte Sprung auch an den Anfang der Schleife gesetzt werden, so daß diese gar nicht erst durchlaufen wird, falls Cc schon am Anfang negativ ist.

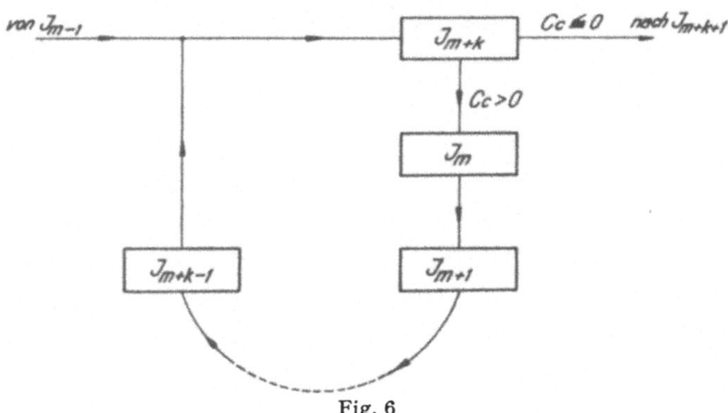

Fig. 6

Mit der Konstruktion des Strukturdiagramms verfolgen wir den Zweck, die Aufstellung des Rechenprogramms zu erleichtern. Dazu muß ein Verfahren

---

[1]) Die hier entwickelten Gedanken stammen zum großen Teil von H. H. GOLDSTINE und J. VON NEUMANN [24].

gefunden werden, welches erlaubt, das Strukturdiagramm direkt aus der numerischen Formulierung und *nicht erst aus dem fertigen Rechenprogramm* herzustellen. Zur Lösung dieser Aufgabe verhilft uns die folgende Feststellung:

Jeder Schleife im Strukturdiagramm entspricht genau ein laufender Index in der numerischen Formulierung.

Zum Beispiel haben wir bei der Tabellierung des Polynoms $y = a + b\,x + c\,x^2$ für die vorgeschriebenen Argumentwerte $x_0, x_1, \ldots, x_M$ den einzigen laufenden Index k: $y_k = a + b\,x_k + c\,x_k^2$; das Gerippe des Strukturdiagramms muß deshalb wie folgt aussehen:

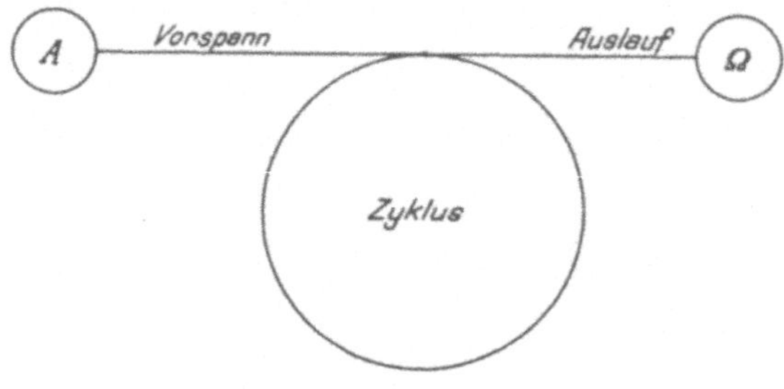

Fig. 7

Es besteht neben dem einzigen Zyklus aus einem nichtzyklischen *Vorspann* (welcher die einmalige Einführung der Werte a, b, c, M in die Maschine besorgt) sowie aus einem *Auslauf*. Werden in Fig. 7 noch die Rechneninstruktionen[1]) eingefügt, so ergibt sich das fertige Strukturdiagramm:

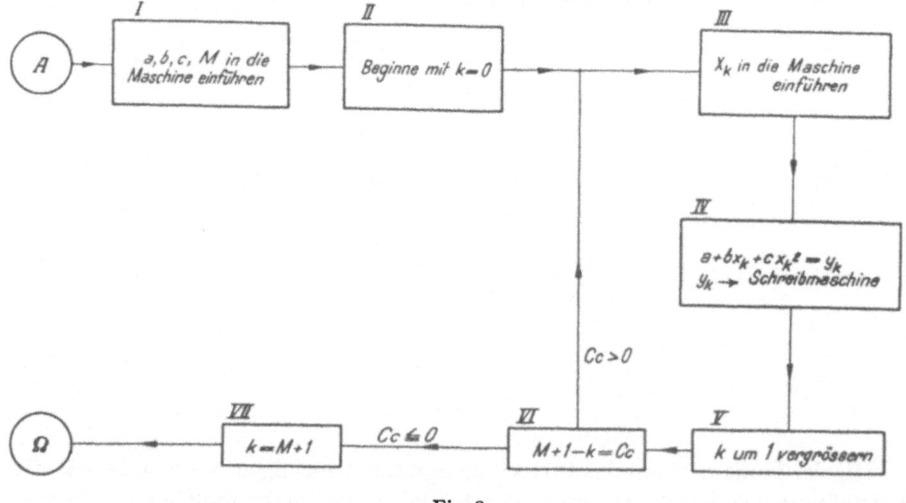

Fig. 8

---

[1]) Der Begriff der Rechneninstruktion wird gelegentlich etwas allgemeiner aufgefaßt, indem eine solche nicht nur eine Operation, sondern eine ganze Formel enthält.

Die Kästchen II, V und VII dienen dazu, über den laufenden Index «Buch zu führen», so daß man in jedem Zeitpunkt die vollständige Übersicht über den Stand der Rechnung hat.

II: Es wird ein Index k eingeführt und sein Anfangswert festgesetzt, wofür in diesem Beispiel von anderen Autoren (insbesondere [24]) auch die Bezeichnung $0 \to k$ verwendet wird.

V: Der Index k wird um 1 vergrößert, das heißt der alte Indexwert $k + 1$ wird von nun an mit k bezeichnet (bei VON NEUMANN und GOLDSTINE [24]: $k + 1 \to k$). Diese Substitution von $k + 1$ durch k hat unter anderem den Effekt, daß eine dem Indexwert $k = 3$ zugeordnete Größe Q_3 beim Vergrößern von k von 3 auf 4 ihre Bezeichnung von Q_k in Q_{k-1} abändert.

VII: Der Kreisprozeß ist beendet, der Index k hat seinen Endwert erreicht. Dieser Endwert ist hier $M + 1$, weil k am Ende des letzten Umlaufes nochmals um 1 erhöht wurde.

Solche Kästchen, wie II, V und VII, dienen oft rein informatorischen Zwecken und liefern dann keinen expliziten Beitrag zum Rechenprogramm.

Aus dem Strukturdiagramm (Fig. 8) läßt sich nun mit Leichtigkeit das Rechenprogramm aufstellen:

$$\text{I} \to \quad \text{1. Führe die Werte } a, b, c, M \text{ in die Maschine ein.}$$

$$\text{II} \to \quad \text{2. Setze } k = 0.$$

$$\text{III} \to \quad \text{3. Führe } x_k \text{ in die Maschine ein.}$$

$$\text{IV} \to \quad \begin{cases} \text{4. } c \times x_k = z_0 {}^1), \\ \text{5. } z_0 + b = z_1, \\ \text{6. } z_1 \times x_k = z_2, \\ \text{7. } z_2 + a = y_k, \\ \text{8. } y_k \to \text{Schreibmaschine.} \end{cases}$$

$$\text{V} \to \quad \text{9. Vergrößere } k \text{ um 1.}$$

$$\text{VI} \to \quad \begin{cases} \text{10. } M + 1 - k = Cc. \\ \text{10. Gehe nach Instruktion 3, falls } Cc \text{ positiv ist.} \end{cases}$$

$$\text{12. Rechnung beendet, Maschine stop.}$$

Im allgemeinen aber wird das Strukturdiagramm aus mehreren Schleifen bestehen (das Problem ist mehrfach zyklisch; vgl. § 4.7).

4.5. *Verschiedene Arten der Befehlsgebung*

Wie schon in § 4.1 erwähnt, muß das Rechenprogramm noch in die Sprache der Maschine übersetzt werden, indem man für jede Recheninstruktion die entsprechenden Befehle (das sind Einzeloperationen vom Standpunkt der Maschine aus gesehen) in Form von Zahlengruppen angibt und diese dann mit Hilfe eines besonderen Geräts verschlüsselt auf Lochstreifen oder Stahlband

---

[1]) z_0, z_1, z_2 sind Hilfsgrößen, denen später beim Aufstellen der Befehlsreihe ebenso wie den gegebenen Konstanten a, b, c, M und x_k, y_k Speicherzellen zugeordnet werden.

«schreibt», und so schließlich in die Maschine einführt. Dabei ist die Beziehung zwischen Rechenprogramm und Befehlsreihe (auch Rechen*plan* genannt) stark von der zugrunde gelegten Maschine abhängig, was zu Klassierungen der programmgesteuerten Rechenmaschinen bzw. Rechenautomaten nach verschiedenen Gesichtspunkten Anlaß gibt.

4.51. *Ein- und Mehradreßmaschinen*

Diese Fallunterscheidung bezieht sich hauptsächlich auf die Art der Ausführung der arithmetischen Operationen.

a) *Dreiadreßmaschinen*

Diese führen die arithmetischen Operationen A op $B = C$ in der Regel mit einem einzigen Befehl[1]) aus, welcher das Ablesen der beiden Operanden vom Speicherwerk, das Ausführen der die beiden verknüpfenden Operation und die Rückführung des Resultats ins Speicherwerk befiehlt. Er muß daher außer der Art der Operation die Adressen[2]) der drei Größen A, B, C enthalten und sieht damit etwa wie folgt aus (2 sei das Zeichen für die Multiplikation):

$$370 \quad 2 \quad 146 \quad 289^3). \qquad (4.2)$$

Der Befehl besagt, man solle die Zahlen in den Speicherzellen 370 und 146 miteinander multiplizieren und das Produkt in Zelle 289 speichern. Falls schon eine Zahl in Zelle 289 war, wird diese vorher gelöscht.

Der Befehl (4.2) ist insofern noch unvollständig, als den beiden Operanden keine Vorzeichen zugeordnet sind, wie das bei den Dreiadreßmaschinen gewöhnlich gemacht wird. Zur Vervollständigung werden deshalb noch zwei Ziffern (eine für jeden Operanden) mit folgender Bedeutung beigegeben (zum Beispiel bei Mark III):

$$0 = +, \quad 1 = -, \quad 2 = +\,\mathrm{abs.}, \quad 3 = -\,\mathrm{abs.}$$

Der Befehl

$$2 \quad 370 \quad 1 \quad 1 \quad 146 \quad = \quad 289, \qquad (4.3)$$

wobei 1 das Operationszeichen für die allgemeine Addition ist, bedeutet dann: Subtrahiere die in Zelle 146 stehende Zahl vom Absolutwert der Zahl in 370 und speichere das Resultat in Zelle 289.

---

[1]) Über den detaillierten Ablauf der Operationen siehe § 3.

[2]) Adresse = Nummer einer Speicherzelle.

[3]) Wir haben hier also dreistellige Adressen, welche für eine Speicherwerkskapazität von 1000 Zahlen ausreichen. Die Adressen werden analog den eigentlichen Rechengrößen dual verschlüsselt.

b) *Einadreßmaschinen*

Bei diesen werden die arithmetischen Operationen noch in ihre Bestandteile zerlegt, und zwar so, daß jeder Befehl immer nur einen Operanden verarbeitet. Es braucht also mehrere Befehle zur Durchführung einer arithmetischen Operation, zum Beispiel für die Multiplikation $(370) \times (146) = 289$ [Dreiadreßbefehl (4.2)]:

$$
\begin{array}{lll}
\text{1. Befehl} & (A \text{ ablesen}) & \text{Ab } 370 \\
\text{2. Befehl} & (B \text{ ablesen und mit } A \text{ verknüpfen}) & \times \ 146 \\
\text{3. Befehl} & (\text{Resultat speichern}) & \text{Sp } 289
\end{array} \right\} \quad (4.4)
$$

Man wird sich leicht überzeugen, daß diese Arbeitsweise ganz dem Rechnen mit einer Büromaschine entspricht.

Wenn aber ein Rechenresultat als Operand in der nächsten Rechenoperation auftritt, wie dies zum Beispiel bei der Summation vieler Einzelposten der Fall ist, ist eine Speicherung der Zwischenresultate unnötig, so daß man hier — im Gegensatz zu den Dreiadreßmaschinen — einige Befehle einsparen kann.

Zum Beispiel braucht es zum Addieren der in den Zellen 100 bis 105 stehenden Zahlen und Speicher der Summe in Zelle 106 nur zwei Befehle mehr als bei einer Dreiadreßmaschine:

$$
\begin{array}{ll}
\text{Einadreßmaschine} & \text{Dreiadreßmaschine} \\
\quad \text{Ab } 100 & 0 \ \ 100 \ \ 1 \ \ 0 \ \ 101 = x \\
\quad + \ 101 & 0 \ \ \ x \ \ \ 1 \ \ 0 \ \ 102 = x \\
\quad + \ 102 & 0 \ \ \ x \ \ \ 1 \ \ 0 \ \ 103 = x \\
\quad + \ 103 & 0 \ \ \ x \ \ \ 1 \ \ 0 \ \ 104 = x \\
\quad + \ 104 & 0 \ \ \ x \ \ \ 1 \ \ 0 \ \ 105 = 106 \\
\quad + \ 105 & (x = \text{beliebige Speicherzelle} \neq \\
\quad \text{Sp } 106 & \ \ 102, \ 103, \ 104, \ 105)
\end{array} \right\} \quad (4.5)
$$

c) *Zweiadreßmaschinen*

Die im Anfang der Entwicklung (1944/45) gebauten Maschinen (Mark I und ENIAC) sind weder Ein- noch Dreiadreßmaschinen. Vielmehr sind bei diesen alle Speicherzellen (20 bei ENIAC, 72 bei Mark I) akkumulativ, so daß ein Additionsbefehl etwa wie folgt lautet[1]:

$$
\begin{array}{llll}
54 & 39 & + & (\text{Addiere die Zahl in Zelle 54 zu der in Zelle 39} \\
& & & \text{stehenden Zahl; das Resultat bleibt in Zelle 39}).
\end{array} \right\} \quad (4.6)
$$

Multiplikation und Division werden dagegen wie bei den Einadreßmaschinen ausgeführt, wofür diese beiden Maschinen noch besondere Rechenwerke aufweisen.

---

[1]) Siehe Manual of Mark I [1].

Diese Art der Organisation der Rechenmaschinen scheint die Addition sehr zu erleichtern, jedoch hat man sie infolge verschiedener Nachteile wieder verlassen.

d) *Vieradreßmaschinen*

Bei einigen neuern Maschinen[1]), welche die Befehle im *Zahlenspeicher* aufbewahren, wird jedem Befehl noch eine vierte Adresse beigegeben, welche angibt, in welcher Speicherzelle der nächste auszuführende Befehl zu finden ist. Die Befehle brauchen also nicht notwendigerweise in der Reihenfolge gespeichert zu werden, wie sie nachher ausgeführt werden, wenn nur die Maschine jeweils durch die vierte Adresse richtig geleitet wird. Der Grund für dieses Vorgehen, das doch wohl die Vorbereitung der Befehlsreihe kompliziert, indem jeder Befehl zu einem Sprungbefehl wird, liegt darin, daß man eine bessere Kontrolle über die Funktion der Maschine hat. Im übrigen aber besteht kein Unterschied zwischen den Drei- und Vieradreßmaschinen.

4.52. *Befehlsstreifen und Befehlsspeicherung*

Hinsichtlich der Art und Weise, wie die Befehle dem Leitwerk der Maschine zugeführt werden, um diese in der gewünschten Weise zu steuern, sind nun sehr verschiedene Wege beschritten worden:

a) Bei der ENIAC mußte das Rechenprogramm ursprünglich auf einem Schaltbrett ausgesteckt werden, was an die bekannten Lochkartenmaschinen erinnert, aber sonst sind die Befehle bei allen nicht zu schnellen Maschinen auf Lochstreifen, die durch gewisse Ablesestationen der Maschine laufen, wobei die Befehle der Reihe nach abgetastet und ausgeführt werden.

Genauer ausgedrückt: alle Befehle eines Zyklus des Strukturdiagramms werden auf denselben Lochstreifen gelocht, welcher durch Zusammenkleben seiner Enden zyklisch gemacht wird; für einen solchen Befehlsstreifen hat sich die Bezeichnung *Unterplan* (subsequence) eingebürgert. Ferner bilden Vorspann und Auslauf zusammen einen Lochstreifen, welchen man als Hauptplan (mainsequence) zu bezeichnen pflegt (siehe Fig. 9).

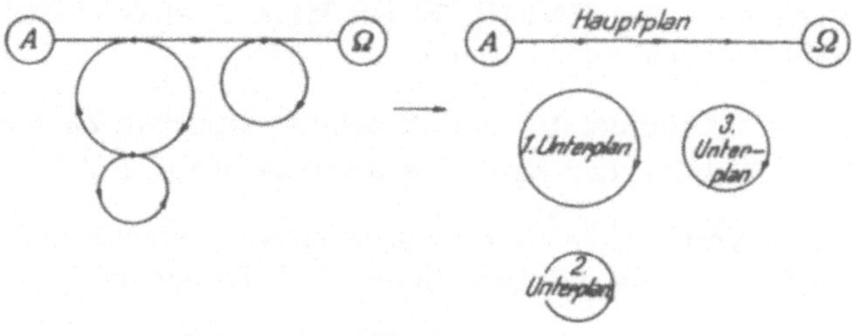

Fig. 9

---

[1]) Unter andern beim Rhaytheon Computer [15], [16].

Es sei noch vermerkt, daß bei Mark I kurze Unterpläne ebenfalls auf einem Schaltbrett ausgesteckt werden.

b) Bei einigen neueren Rechenautomaten[1]) ist die Rechengeschwindigkeit zu groß, als daß noch Lochstreifen für die Befehlsgebung in Frage kämen. Man ist deshalb dazu übergegangen, alle Befehle schon vor Beginn der eigentlichen Rechnung in die Maschine einzugeben und dort während der ganzen Rechnung aufzubewahren, sei es, daß wie bei Mark III ein besonderes Befehlsspeicherwerk zur Aufnahme der Befehle vorhanden ist, sei es, daß die Befehle im gleichen Speicherwerk wie die Zahlen aufbewahrt werden.

Die einzelnen Zyklen des Strukturdiagramms treten dabei nicht so auffällig hervor, aber die Methode ist flexibler.

Wenn nun die Maschine nach a mit Lochstreifen gesteuert wird, braucht jeder Unterplan einen Abtastmechanismus für den betreffenden Lochstreifen, die Zahl der zulässigen Unterpläne (Zyklen des Strukturdiagramms) ist also durch die vorhandenen Abtaster begrenzt, wogegen die Zahl der Befehle keinerlei Einschränkung unterliegt.

Im Falle b hingegen ist die Zahl der zulässigen Befehle durch die Kapazität des Speicherwerks begrenzt, währenddem die Zahl der Zyklen an sich unbeschränkt ist.

Entsprechend den zwei Hauptarten der Befehlsgebung haben auch die Sprünge verschiedene Bedeutung: Im Falle a muß man immer zu einem andern Unterplan springen, im Falle b erfolgt der Sprung zu einem bestimmten Befehl. In beiden Fällen mag der Sprungbefehl (zum Beispiel für eine Einadreßmaschine) wie folgt lauten:

$$x \quad\quad C \quad\quad \text{(unbedingter Sprung),}$$
$$x \quad\quad Cc \quad\quad \text{(bedingter Sprung).}$$

Dabei bedeutet die Adresse x im Falle a die Nummer des Abtasters, in welchen der aufgerufene Unterplan eingespannt ist; im Falle b ist x die Speicherzellennummer des Befehls, der als nächster auszuführen ist.

Da der bedingte Sprungbefehl das Umschalten nur bewirkt, falls die Zahl Cc positiv ist, muß diese vorher vom Speicherwerk in das Leitwerk übertragen werden. Bei einigen Maschinen (insbesondere bei Einadreßmaschinen) ist Cc einfach das Resultat der unmittelbar vorangehenden Rechenoperation [vgl. auch das Beispiel (4.8)].

4.6. *Rechnen mit Befehlen (vgl. § 1. 2)*

Eine weitere durch die programmgesteuerten Rechenmaschinen realisierte Operation, welche kein Gegenstück beim Arbeiten mit Bürorechenmaschinen hat, ist das Ablesen einer Zahl vom Speicherwerk, deren Adresse zuvor durch die Maschine selbst errechnet wurde.

---

[1]) Mark III, BINAC, EDSAC, IAS, Raytheon usw.

Die Notwendigkeit einer solchen Operation, die für das programmgesteuerte Rechnen von außerordentlicher Bedeutung ist, soll am folgenden Beispiel klargemacht werden:

Es sei die Summe $\sum_1^n a_i$ zu bilden, wobei die Zahl a_i in der Zelle $10 + i$ des Speicherwerks der Maschine gespeichert sei. Man könnte natürlich alle für diese Summation notwendigen Additionsbefehle aufstellen, was aber wegen der evtl. großen Zahl n unbequem werden könnte; außerdem wäre ein solcher Rechenplan nur für ein spezielles n gültig. Es ist daher naheliegend, die Berechnung der Summe gemäß dem Algorithmus

$$x_0 = 0, \quad x_i = a_i + x_{i-1}, \quad \sum_1^n a_i = x_n \tag{4.7}$$

mit einem zyklischen Rechenplan (laufender Index i) zu versuchen.

Dabei sind im zyklischen Teil: $x_i = a_i + x_{i-1}$ wohl die Rechenoperationen für jedes i dieselben, aber die Adresse von a_i variiert mit i, so daß es sich hier nicht um eine Wiederholung derselben Befehle handeln kann. Vielmehr müßte die Instruktion $a_i + x_{i-1} = x_i$ mit jedem Umlauf so abgeändert werden, daß die Adresse des 1. Operanden um 1 erhöht wird[1]), womit sich folgendes Strukturdiagramm ergibt:

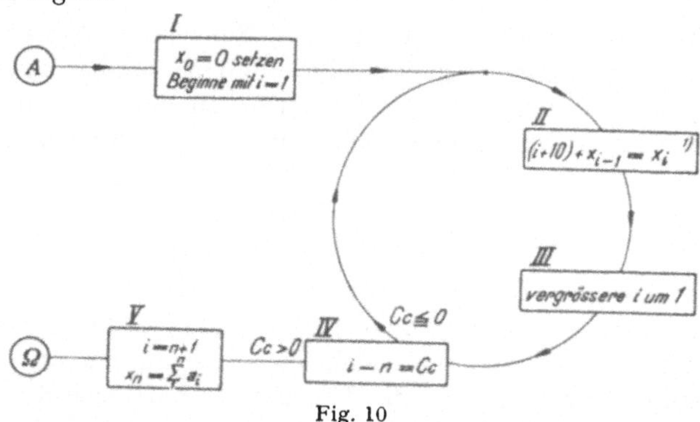

Fig. 10

Werden die Befehle im Zahlenspeicher der Maschine aufbewahrt, so ist die Erhöhung der Adresse relativ einfach: man faßt den abzuändernden Befehl vorübergehend als Zahl auf und addiert zu dieser eine geeignete Konstante. Zum Beispiel wird im Befehl (4.3), welcher, als Zahl aufgefaßt, 0,237 011 146 289 beträgt, durch Addition der Konstanten 0,0001 die Adresse des 1. Operanden um 1 erhöht.

Falls aber die Maschine mit Lochstreifen gesteuert wird, können natürlich die Befehle nicht mehr abgeändert werden. Statt dessen hat H. H. Aiken[2])

---

[1]) Für die x_i muß eine solche Vorsorge nicht getroffen werden, da diese nur vorübergehend gebraucht werden. Man kann deshalb alle x_i in der gleichen Zelle speichern, wobei dann x_{i-1} durch die Speicherung von x_i gelöscht wird. (a) bedeutet die Zahl in Zelle a.

[2]) Das i-Register kam erstmals bei Mark III [4] zur Anwendung.

ein sogenanntes «i-Register» eingeführt, welches wie eine gewöhnliche Speicherzelle eine berechnete Zahl aufnehmen kann. Sodann kann in einem Befehl statt einer *a priori* bekannten Adresse ein spezielles Zeichen (das wir I nennen wollen) eingesetzt werden, welches dann das Leitwerk veranlaßt, die fehlende Adresse aus dem erwähnten i-Register zu entnehmen. Damit wird die dem Strukturdiagramm in Fig. 10 entsprechende Befehlsreihe für eine Einadreßmaschine, die ein solches i-Register besitzt:

Liste der Speicherungen vor Beginn der Rechnung:

$$0 \text{ in Zelle } 1,$$
$$1 \text{ in Zelle } 2^1),$$
$$10 \text{ in Zelle } 3^1),$$
$$n \text{ in Zelle } 4^1).$$

Ferner ist die Zelle 5 während der Rechnung für den Index i reserviert, Zelle 10 für die Werte x_i.

Hauptplan

Ab	1	} $(x_0 = 0$ gesetzt$)$.
Sp	10	
Ab	2	} $(i = 1$ gesetzt$)$.
Sp	5	
C	1	(Gehe zu Unterplan 1 über) (unbedingter Sprung),
STOP		

Unterplan 1

Ab	5	} Die Adresse von a_i, welche $i + 10$ ist, wird ins i-Register übertragen.
$+$	3	
Sp	i	
Ab	I	} $a_i + x_{i-1} = x_i$.
$+$	10	
Sp	10	
Ab	5	} i wird um 1 vergrößert.
$+$	2	
Sp	5	
$-$	4	$i - n$ wird berechnet.
Cc	0	Gehe zum Hauptplan (Unterplan 0) zurück, falls die soeben berechnete Summe positiv ist, andernfalls gehe zum nächsten Befehl weiter$^2)$.

$$(4.8)$$

$^1)$ Ganze Zahlen, wie diese Indizes ja sind, werden gewöhnlich als Einheiten der letzten Stelle behandelt, die gespeicherten Zahlen sind also in Wirklichkeit η ($\eta =$ eine Einheit der letzten Stelle, vgl. § 3.5) in Zelle 2, 11 η in Zelle 3 usw. Natürlich ist beim Rechnen darauf zu achten.

$^2)$ Da ja der Lochstreifen mit dem Unterplan an seinen Enden zusammengeklebt ist, ist in diesem Fall der nächste Befehl wieder der erste Befehl des Unterplans.

Es ist klar, daß es vorteilhaft wäre, mehrere solcher i-Register zur Verfügung zu haben, um insbesondere bei Dreiadreßmaschinen gleichzeitig mehrere Adressen substituieren zu können.

Zusammenfassend sei festgestellt, daß die beiden grundsätzlich verschiedenen Verfahren, mit Adressen zu rechnen, zwar praktisch ebenbürtig sind, doch bietet die Verwendung eines i-Registers den Vorteil größerer Rechensicherheit, denn es kann nicht bestritten werden, daß das Rechnen mit Befehlen, die als Zahlen aufgefaßt werden, ein gewisses Risiko einschließt. Man kann sich leicht vorstellen, daß ein Rechenfehler, der sich beim Rechnen mit Befehlen einschleicht, eine ungleich größere Verwirrung zur Folge hat als ein Rechenfehler beim gewöhnlichen Zahlenrechnen. Es ist dies auch der Grund, warum H. H. Aiken Zahlen und Befehle streng getrennt speichert und das Rechnen mit Befehlen ablehnt, solange nicht die Zuverlässigkeit der zur Verwendung kommenden Schaltelemente ganz erheblich gesteigert werden kann.

4.7. Beispiel einer Befehlsreihe

Es soll hier die Vorbereitung des Rechenplans für die Multiplikation zweier quadratischer Matrizen beliebiger Reihenzahl ausführlich behandelt werden, indem zuerst das Strukturdiagramm und das Rechenprogramm aufgestellt werden. Dann schreiten wir zur Aufstellung der Befehlsreihe, wobei wir eine hypothetische Maschine zugrunde legen, welche aber die wesentlichen Merkmale von bestehenden oder im Bau befindlichen Maschinen hat. Dadurch ist es möglich, eine verwirrende Fülle von Einzelheiten wegzulassen.

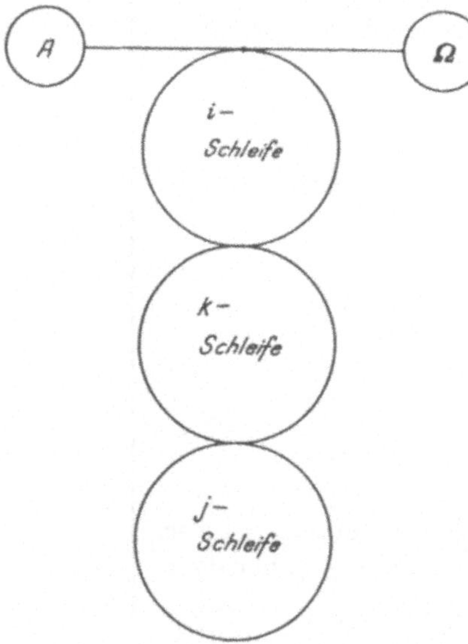

Fig. 11

Aufstellung des Strukturdiagramms

Die Produktmatrix $C = B\,A$ ist bekanntlich durch

$$c_{ik} = \sum_{1}^{n} a_{ij}\,b_{jk} \qquad (4.9)$$

definiert. Da diese Formel für alle i und k auszuwerten ist, ist das Problem dreifach zyklisch, das Strukturdiagramm muß also drei Schleifen aufweisen.

Man kann zum Beispiel so vorgehen, daß man nacheinander alle Zeilenvektoren c_i der Matrix C berechnet, indem man für jede Zeile nacheinander die Elemente c_{ik} bestimmt, wofür dann jedesmal, das heißt für jedes i und k gemäß (4.9), nach j zu summieren ist. Folglich ist die j-Schleife der k-Schleife und diese wieder der i-Schleife untergeordnet, wie Fig. 11 zeigt. Nach Einsetzen der Rechenoperationen erhält man sodann das fertige Strukturdiagramm (Fig. 12). Der Einfachheit halber ist angenommen, die Elemente der beiden Matrizen seien bei Beginn der Rechnung schon in der Maschine gespeichert.

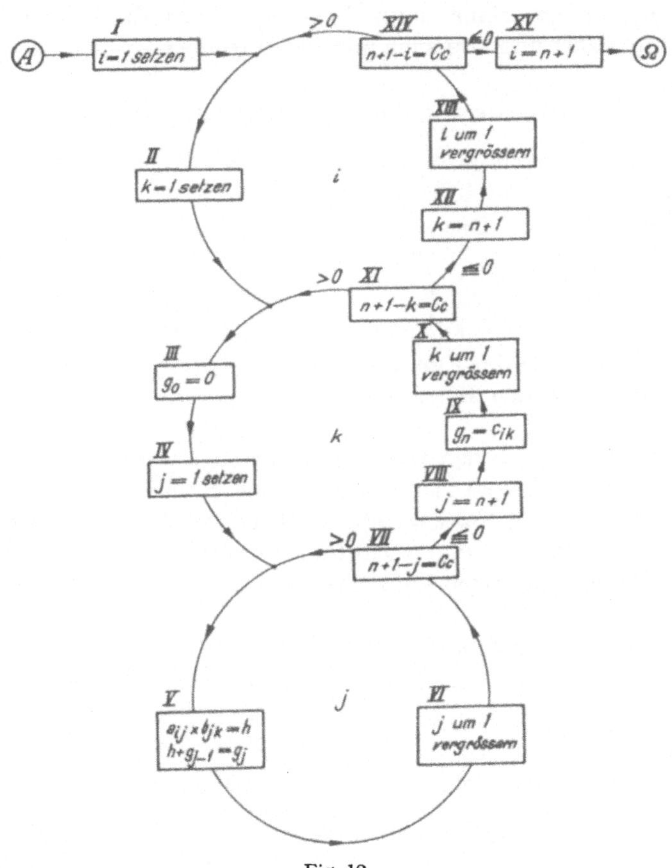

Fig. 12

Rechenprogramm:

1. Beginne mit $i = 1$ (I).
2. Setze $k = 1$ (II).
3. Setze $g_0 = 0$ (III).
4. Setze $j = 1$ (IV).
5. $a_{ij} \times b_{jk} = h$ ⎫
6. $h + g_{j-1} = g_j$ ⎭ (V).
7. Vergrößere j um 1 (VI).
8. Beginne mit Instruktion 5, falls $n + 1 - j > 0$ (VII).

9. $c_{ik} = g_n$ (IX).
10. Vergrößere k um 1 (X).
11. Beginne wieder mit Instruktion 3, falls $n + 1 - k > 0$ (XI).
12. Vergrößere i um 1 (XIII).
13. Beginne wieder mit Instruktion 2, falls $n + 1 - i > 0$ (XIV).
14. STOP (Ω).

Für die nun folgende Aufstellung der Befehlsreihe werde eine zwölfstellig dezimale Dreiadreßmaschine zugrunde gelegt, welche die Befehle im Zahlenspeicher aufbewahrt und also auch mit diesen rechnen kann.

Liste aller Befehle, die die Maschine ausführen kann

Ein Dreiadreßbefehl ist durch 12 Dezimalen dargestellt, welche sich wie folgt verteilen [vgl. auch (4.3)]:

| 1. Operand | | Operations- | 2. Operand | | Resultat |
Vorzeichen	Adresse	zeichen	Vorzeichen	Adresse	Adresse
0	527	2	1	711	395

Als Zahl aufgefaßt, ist dieser Befehl = ,052 721 711 395, wenn man das Komma vor der ersten Ziffer denkt. Eine Einheit der 1. Adresse hat also den Wert von 10^{-4}, die entsprechenden Beträge für die 2. und 3. Adresse sind 10^{-9} und 10^{-12}.

Die Vorzeichen[1]), die den Operanden zugefügt werden, sind unabhängig vom Vorzeichen der Operanden selbst, vielmehr sollen sie Operationen wie $(-a) + (-b)$ und $(-a) \times b$ usw. ermöglichen, wobei die aus dem Speicherwerk abgelesenen Zahlen a und b selbst noch positiv oder negativ sein können. Die im Befehl kommandierten Vorzeichen sind also ein Bestandteil der Rechenoperation.

Das Operationszeichen hat folgende Bedeutung:

1 = Allgemeine Addition (schließt dank der oben erwähnten Vorzeichen auch die Subtraktion ein).
2 = Multiplikation.
3 = Division.
4 = Unbedingter Sprungbefehl: $x\ xxx\ 4\ x\ xxx\ 035$:
Führe den in Zelle 035 gespeicherten Befehl aus[2]).
5 = Bedingter Sprungbefehl: $0\ 739\ 5\ x\ xxx\ 035$:
Führe den in Zelle 035 gespeicherten Befehl aus[2]), falls die Zahl in Zelle 739 positiv ist, andernfalls gehe in normaler Weise weiter.
6 = Stop: $x\ xxx\ 6\ x\ xxx\ xxx$.

Diese Liste, obwohl sie alle für die Matrizenmultiplikation erforderlichen Befehle enthält und damit für unsere Zwecke genügt, ist natürlich noch unvollständig, zum Beispiel fehlen die Befehle für die Verbindung mit der Außenwelt.

---

[1]) $0 = +$; $1 = -$; $2 = +$ abs.; $3 = -$ abs.
[2]) Nachher kommen die Befehle bis zum nächsten Sprungbefehl wieder der Reihe nach zur Ausführung, also 036, 037, 038 usw. Mit x bezeichnete Oezimalen sind gleichgültig.

Verteilung der Speicherzellen

Wir nehmen an, die Elemente der Matrix A seien vor Beginn der Rechnung in den Speicherzellen α bis $\alpha + n^2 - 1$ gespeichert, so daß sich das Element a_{ij} in der Zelle $\alpha + n\,i + j - n - 1$ befindet. Entsprechend seien die Elemente der Matrix B in den Zellen β bis $\beta + n^2 - 1$, und die zu berechnenden Elemente der Matrix C sollen in den Zellen γ bis $\gamma + n^2 - 1$ gespeichert werden. Die Zahlen α, β, γ, seien bekannt.

Adreßänderungen

Die einzigen variabeln Adressen kommen in den Instruktionen 5 und 9 vor, denn die g_j können alle in derselben Zelle gespeichert werden. In 9 muß immer jeweils die Adresse von c_{ik} um 1 erhöht werden, weil die Elemente c_{ik} der Reihe nach, wie sie berechnet werden, zu speichern sind. Es ist dem der Instruktion 9 entsprechenden Befehl also jedesmal 10^{-12} zu addieren.

In dem der Instruktion 5 entsprechenden Befehl hat man hingegen zwei Operanden, deren Adressen insgesamt von i, j, k abhängen, nämlich $\alpha + i\,n + j - n - 1$ und $\beta + j\,n + k - n - 1$. Ihre Änderungen können aus dem Strukturdiagramm abgelesen werden:

a) Kästchen VI befiehlt eine Erhöhung von j um 1 und bewirkt also eine Änderung von $+\,1$ in der ersten und von $+\,n$ in der zweiten Adresse, somit muß $10^{-4} + 10^{-9}\,n$ zum Befehl addiert werden.

b) Kästchen X befiehlt eine Erhöhung von k um 1, aber außerdem wird j bei jedem Umlauf in diesem Zyklus um n erniedrigt (nämlich von $n + 1$ auf 1). Folglich muß bei jedem Umlauf die erste Adresse um n, die zweite Adresse um $n^2 - 1$ erniedrigt werden, was insgesamt einer Subtraktion von $10^{-4}\,n + 10^{-9}\,(n^2 - 1)$ entspricht. Dies ist auch dann richtig, wenn die k-Schleife nicht mehr bis zum Kästchen IV durchlaufen wird, sondern bei Kästchen XI der Abgang zur i-Schleife erfolgt, weil der Sprung in Instruktion 11 nicht wirksam wird. Wenn nämlich die Rechnung je wieder in die j-Schleife einlenkt, so muß gemäß Kästchen IV doch wieder mit $j = 1$ begonnen werden, die Reduktion der Adresse für diesen Fall ist dann bereits ausgeführt.

c) Kästchen XIII befiehlt eine Vergrößerung von i um 1, aber bei jedem Umlauf in der i-Schleife ist k um n zu vermindern, so daß insgesamt die erste Adresse um n zu vergrößern, die zweite aber um n zu verkleinern ist, was durch eine Addition von $10^{-4}\,n - 10^{-9}\,n$ bewirkt wird.

Diese Änderungen müssen beim Aufstellen der Befehlsreihe in Betracht gezogen werden, deshalb müssen wir vor Beginn der Rechnung noch folgende Konstanten in der Maschine speichern:

$$
\begin{array}{ll}
0 \text{ in Zelle } 089 & \qquad 10^{-4} + 10^{-9}\,n \qquad\qquad \text{in Zelle } 092, \\
1 \text{ in Zelle } 090 & \qquad 10^{-4}\,n + 10^{-9}\,(n^2 - 1) \text{ in Zelle } 093, \\
n \text{ in Zelle } 091 & \qquad 10^{-4}\,n - 10^{-9}\,n \qquad\ \ \text{in Zelle } 094.
\end{array}
$$

Außerdem bleiben reserviert:

Zelle 095 für den Index i,
Zelle 096 für den Index j,
Zelle 097 für den Index k,
Zelle 098 für die Größe h,
Zelle 099 für g_j.

So ergibt sich schließlich der Rechenplan:

Adresse des Befehls	Befehl						
000	0	089	1	0	090	095	(i wird = 1 gesetzt)
001	0	089	1	0	090	097	(k wird = 1 gesetzt)
002	0	089	1	0	089	099	($g_0 = 0$)
003	0	089	1	0	090	096	(j wird = 1 gesetzt)
004	0	α	2	0	β	098	($a_{ij} \times b_{jk} = h$, dieser Befehl wird später abgeändert)
005	0	098	1	0	099	099	($h + g_{j-1} = g_j$)
006	0	096	1	0	090	096	(j wird um 1 vergrößert)
007	0	004	1	0	092	004	(Adreßänderung a)
008	0	091	1	1	096	100	($n + 1 - j$ berechnen)
009	0	100	5	0	000	004	Sprungbefehl (Kästchen VII)
010	0	099	1	0	089	γ	(c_{ik} wird gespeichert)
011	0	090	1	0	010	010	(Adreßänderung bei Befehl 010)
012	0	097	1	0	090	097	(k wird um 1 vergrößert)
013	0	004	1	1	093	004	(Adreßänderung b)
014	0	091	1	1	097	100	($n + 1 - k$ berechnen)
015	0	100	5	0	000	002	Sprungbefehl (Kästchen XI)
016	0	095	1	0	090	095	(i wird um 1 vergrößert)
017	0	094	1	0	004	004	(Adreßänderung c)
018	0	091	1	1	095	100	($n + 1 - i$ berechnen)
019	0	100	5	0	000	001	Sprungbefehl (Kästchen XIV)
020	0	000	6	0	000	000	STOP.

Es sei abschließend nochmals darauf hingewiesen, daß dieser Rechenplan die Multiplikation zweier n-reihiger quadratischer Matrizen leistet, wobei n beliebig ist, sofern nur die vorgeschriebenen Konstanten gespeichert werden und das Speicherwerk alle auftretenden Zahlen (es sind insgesamt deren $3\,n^2 + 33$) fassen kann.

Es ist von Interesse, die gesamte Dauer der Matrizenmultiplikation abzuschätzen. Dazu muß zunächst untersucht werden, wie oft die einzelnen Befehle ausgeführt werden. Aus dem Strukturdiagramm kann abgelesen werden, daß die j-Schleife (Befehle 004 bis 009) n^3-mal, die k-Schleife (Befehle 002, 003, 010 bis 015) n^2-mal, die i-Schleife (Befehle 001, 016 bis 019) n-mal und Vorlauf und Auslauf (Befehle 000 und 020) einmal durchlaufen werden.

Bezeichnet man die Additionszeit mit α — die Sprungbefehle und der Stop pflegen meist ungefähr gleich lang zu dauern — ferner die Multiplikationszeit mit μ, so erhält man für die Gesamtrechenzeit offenbar:

$$(5\,\alpha + \mu)\,n^3 + 8\,\alpha\,n^2 + 5\,\alpha\,n + 2\,\alpha\,.$$

Für eine moderne Maschine ($\alpha = 0{,}5$ ms, $\mu = 3$ ms) und $n = 10$ erhält man demnach eine totale Rechenzeit von zirka 6 s.

4.8. *Behandlung der Funktionen*

Es muß hier nochmals ausdrücklich betont werden, daß die programmgesteuerten Rechenmaschinen grundsätzlich mit denselben Rechenoperationen arbeiten wie etwa eine vollautomatische Bürorechenmaschine; nur ausnahmsweise sind sie für das direkte Ziehen der Quadratwurzel eingerichtet[1]).

Die übrigen Funktionen — unter die wir also auch $\sqrt{x}$ und für einige Maschinen, die nicht direkt dividieren können[2]) auch $y = 1/x$ rechnen müssen — müssen daher durch geeignete Methoden aus den vier Grundoperationen aufgebaut werden, was in endlich vielen Schritten nicht mathematisch exakt möglich ist.

a) Bei einigen Funktionen, vorab $1/x$, $\sqrt{x}$, $1/\sqrt{x}$, kann man die Funktionswerte nach dem Newtonschen Verfahren als Nullstellen von Polynomen bestimmen, wobei für $1/x$ und $1/\sqrt{x}$ nur die drei Operationen Addition, Subtraktion und Multiplikation, bei $\sqrt{x}$ außerdem noch die Division in die Formeln eingehen:

$$y = f(x) = \lim_{n \to \infty} y_n , \quad \text{wobei}$$

$$\left.\begin{aligned}
\text{für } \tfrac{1}{x} \;:&\quad y_{n+1} = y_n\,(2 - x\,y_n)\,, \\[2mm]
\text{für } \sqrt{x} \;:&\quad y_{n+1} = \tfrac{1}{2}\left(y_n + \frac{x}{y_n}\right), \\[2mm]
\text{für } \tfrac{1}{\sqrt{x}} \;:&\quad y_{n+1} = y_n\left(\frac{3}{2} - \frac{1}{2}\,x\,y_n^2\right)
\end{aligned}\right\} \qquad (4.10)$$

b) Für die Funktionen arc tg x, ln x und elliptische Integrale 1. Gattung gibt es ebenfalls iterative Methoden zur Bestimmung der Funktionswerte (arithmetisch-geometrisches Mittel[3])): Durch die Formeln

$$a_{n+1} = \tfrac{1}{2}\,(a_n + b_n); \quad b_{n+1} = \sqrt{b_n \times a_{n+1}}$$

ist eine Folge von Wertepaaren definiert, die gegen denselben Grenzwert konvergieren; dieser ist

$$\frac{x}{\operatorname{arc tg} x}\,,$$

---

[1]) ENIAC, Bell Computer, Rechengerät von ZUSE.

[2]) Mark II, Mark III, EDSAC.

[3]) Vgl. K. KOMMERELL, *Das Grenzgebiet der elementaren und höhern Mathematik* (K. F. Koehler, Leipzig 1936), S. 44 ff.

falls man die Iteration mit $a_0 = 1$, $b_0 = \sqrt{1 + x^2}$ einleitet, oder

$$\frac{x^2 - 1}{\ln x},$$

falls man $a_0 = 1 + x^2$, $b_0 = 2\,x$ setzt.

c) *Taylor-Entwicklung.* In der Regel wird keine Taylor-Entwicklung für das ganze in Betracht kommende Intervall genügend gut konvergieren, so daß man die Funktion stückweise durch Taylor-Reihen darstellt[1]), wobei man die Taylor-Koeffizienten, die von Intervall zu Intervall verschieden sind, in der Maschine speichern muß[2]). Die Bestimmung des Intervalls, in welchem ein vorliegender x-Wert liegt, geschieht durch geeignete Befehlsgebung oder durch speziell für diesen Zweck in die Maschine eingebaute Vorrichtungen («function sensing register» bei Mark III).

d) *Interpolation* mit gleichmäßigen Argumentintervallen. Es werden die einfachsten Interpolationsformeln (NEWTON-GREGORY oder NEWTON-GAUSS) verwendet, wobei die unabhängige Variable zweckmäßig linear transformiert wird, so daß die Teilpunkte die ganzen Zahlen werden. Man muß dann also die Funktionswerte $f(m)$, $f(m + 1)$, …, $f(M)$ in der Maschine speichern, und zwar am besten in aufeinanderfolgenden Speicherzellen, deren Adressen $A + m, A + m + 1, …, A + M$ seien.

Zur Berechnung von beispielsweise $f(126{,}79)$ wird das Argument $126{,}79$ in seinen ganzen Teil 126 und seinen gebrochenen Teil ,79 zerlegt[3]). Die Zahl 126 dient dann zum Aufsuchen der richtigen Funktionswerte, währenddem der gebrochene Teil ,79 als h in die Interpolationsformel eingeht. Soll mit 3. Ordnung (es werden noch dritte Differenzen berücksichtigt) interpoliert werden, so braucht man die Größen $f(125)$, $f(126)$, $f(127)$ $f(128)$, aus denen die Maschine zunächst die in der Interpolationsformel auftretenden Differenzen berechnet. Deren Adressen sind hier $A + 125$, $A + 126$, $A + 127$ $A + 128$, oder im allgemeinen Fall:

$$A + (\text{ganzer Teil von } x) + k,$$

wobei k für die vier Punkte bzw. $-1, 0, 1, 2$ zu setzen ist.

Es liegt hier also ein typisches Beispiel für das Rechnen mit Adressen vor.

---

[1]) Vgl. HARRISON [27].

[2]) Bei der SSEC (IBM, New York) sind die Taylor-Koeffizienten nebst den Argumentwerten für jedes einzelne Intervall auf Lochstreifen, welche durch spezielle Ablesestationen der Maschine laufen. Die Maschine sucht das richtige Intervall, währenddem der Lochstreifen durch diese Ablesestationen läuft, und liest dann die Taylor-Koeffizienten ab.

[3]) Vgl. hierüber § 3.5.

Es sei noch vermerkt, daß man, um weniger Funktionswerte in der Maschine speichern zu müssen, dahin tendiert, mit möglichst hoher Ordnung zu interpolieren[1]).

e) Durch Interpolation mit reziproken Differenzen und allgemein durch Kettenbruchentwicklungen.

Bis jetzt scheinen Kettenbruchentwicklungen für programmgesteuerte Rechenmaschinen wenig verwendet worden zu sein, obschon sie zweifellos ein wirkungsvolles Hilfsmittel darstellen.

Alle die beschriebenen Verfahren kommen nun dergestalt zur Anwendung, daß wenn an einer bestimmten Stelle des Rechenprogramms ein Funktionswert verlangt wird, die Maschine durch einen geeigneten Sprungbefehl auf einen Unterplan umgeschaltet wird, der die Berechnung übernimmt. Dabei sind für die wichtigsten Funktionen die zur Berechnung der Funktionswerte notwendigen Befehlsfolgen ein für allemal vorbereitet und stehen der Maschine permanent zur Verfügung, so daß der das Problem Vorbereitende in dieser Hinsicht entlastet ist.

Zum Beispiel sind bei Mark III insgesamt zirka 400 Zellen des Befehlsspeicherwerks für die Behandlung der Funktionen $1/x$, $1/\sqrt{x}$, $\log^{10} x$, 10^x, $\cos x$ arc tg x reserviert. Das Planfertigungsgerät zu Mark III (coding machine) ist nun so gebaut, daß man bei der Aufstellung der Befehlsreihe am erwähnten Gerät lediglich die Art der Funktion, die Adresse des Arguments sowie die für die Speicherung des berechneten Funktionswerts vorgesehene Speicherzelle einstellen muß. Alles andere, insbesondere das Einsetzen des Sprungbefehls für das Aufrufen der Befehlsreihe für die Berechnung des Funktionswerts, geht automatisch vor sich.

4.9. *Rechenkontrollen*

Es kann nicht bestritten werden, daß die programmgesteuerten Rechenmaschinen infolge Versagens ihrer Bauelemente (Relais, Elektronenröhren, Widerstände, Kondensatoren, mechanische Teile usw.) gelegentlich Rechenfehler begehen. Diese liegen in der Natur der Sache; durch geeignete Konstruktion der Maschine kann lediglich ihre Häufigkeit vermindert werden (bei gut eingearbeiteten Maschinen ist mit einigen Fehlern pro Woche zu rechnen).

In bescheidenem Maße sind also Rechenfehler durchaus tolerierbar, *aber sie müssen unter allen Umständen entdeckt werden*, wozu die im folgenden aufgeführten Kontrollverfahren dienen:

a) Sind die errechneten Rechenresultate Funktionswerte einer hinreichend glatten Funktion, so treten Rechenfehler durch *Differenzenbildung* zutage.

---

[1]) Diesem Bestreben ist durch die Stellenzahl und die Geschwindigkeit der Maschine eine Grenze gesetzt.

Entsprechend können auch andere mathematische Eigenschaften (Symmetrie einer Matrix usw.) zur Kontrolle verwendet werden.

b) Durch geeignete Befehlsgebung wird jede Rechenoperation zweimal, aber auf verschiedene Arten, ausgeführt, was sich beispielsweise auf das Rechenprogramm

$$1.\ a \times b = c$$
$$2.\ c + a = d$$
$$3.\ d - b = e$$

wie folgt auswirkt: Jeder Wert wird grundsätzlich zweimal gespeichert, zum Beispiel in Zelle m und in Zelle $C + m$, wobei C eine geeignete Konstante ist. Die Werte a, b, c, d, e treten dann in je zwei Exemplaren auf, a_1, a_2, b_1, b_2, ..., und das Rechenprogramm lautet dann:

$$1.\quad a_1 \times b_1 = c_1$$
$$2.\quad c_1 + a_1 = d_1$$
$$3.\quad b_2 \times a_2 = c_2$$
$$4.\quad a_2 + c_2 = d_2$$
$$5.\quad d_1 - b_1 = e_1$$
$$6.\ -b_2 + d_2 = e_2$$
$$7.\quad e_2 - e_1 = \delta$$
$$8.\quad |\delta| - \tau = Cc$$
9.   Wenn $Cc > 0$, dann Maschine STOP, Alarm.

Wenn nun infolge eines Versagers die Zahlen e_1 und e_2 ungleich werden, das heißt, wenn ihre Differenz eine gewisse Toleranz τ überschreitet, so wird Cc positiv, und die Maschine stoppt.

Wenn so auch die meisten Fehler entdeckt werden dürften, so besteht doch die Möglichkeit, daß der gleiche Fehler wiederholt wird, so daß e_1 und e_2 trotzdem übereinstimmen.

c) Nach einem andern Verfahren wird jede ausgeführte Rechenoperation, oder eine Folge von solchen, sogleich wieder rückgängig gemacht, indem man aus dem Resultat die Ausgangswerte rückwärts berechnet und vergleicht, zum Beispiel:

$$1.\ a \times b = c$$
$$2.\ c + a = d$$
$$3.\ d - b = e$$
$$4.\ e + b = d'$$
$$5.\ d' - a = c'$$
$$6.\ c' : b = a'$$
$$7.\ a' - a = \delta$$
$$8.\ |\delta| - \tau = Cc$$
9. Maschine STOP, wenn $Cc > 0$.

Dies Verfahren ist etwas sicherer als das unter b genannte, weil doch eine ganz andere Operationenfolge zur Kontrolle dient.

Wie man sieht, ist den Verfahren b und c gemeinsam, daß der Rechenaufwand und damit die Fehlererwartung rund verdreifacht wird, was zweifellos unerwünscht ist. Außerdem wird auch die Vorbereitungsarbeit erheblich vergrößert, weshalb man zu den unter d und e erwähnten Kontrollverfahren gegriffen hat:

d) Statt die Rechnung in der gleichen Maschine zweimal nacheinander auszuführen, kann man sie gleichzeitig mit 2 identischen Rechenmaschinen (Zwillingsmaschinen) durchführen und entsprechende Rechengrößen in den beiden Maschinen beständig vergleichen[1]).

Ohne Zweifel wird so eine weit größere Rechensicherheit erreicht als mit den Verfahren b und c, so daß man sich ernsthaft fragen kann, ob sich die Aufwendungen für die Duplikation der Maschine durch die sicherere und einfachere Bedienung auf lange Sicht nicht bezahlt machen.

e) Im Raytheon Computer [15], [16] wird jede Rechenoperation vermöge einer verallgemeinerten Quersumme, die zu diesem Zweck mit jeder Zahl mitgeführt wird, in einem speziellen Rechenwerk nachgeprüft, und der Transport der Zahlen vom und ins Speicherwerk unterliegt ebenfalls einer solchen Kontrolle. Es handelt sich im Prinzip um nichts anderes als um die bekannte Neunerprobe, welche aber bei dieser Maschine, welche im Dualsystem arbeitet, als Einunddreißigerprobe ausgeführt wird (31 = LLLLL).

Auf diese Weise ergibt sich dieselbe Rechensicherheit wie unter d, aber mit nur zirka 25% Mehraufwand.

f) Durch die im Bell Computer [6] verwendete Verschlüsselung der Dezimalziffern (vgl. Fig. 13) kann die Rechensicherheit ebenfalls gesteigert werden.

$$
\begin{array}{lll}
0 &\rightarrow 0L & 0000L \\
1 &\rightarrow 0L & 000L0 \\
2 &\rightarrow 0L & 00L00 \\
3 &\rightarrow 0L & 0L000 \\
4 &\rightarrow 0L & L0000 \\
5 &\rightarrow L0 & 0000L \\
6 &\rightarrow L0 & 000L0 \\
7 &\rightarrow L0 & 00L00 \\
8 &\rightarrow L0 & 0L000 \\
9 &\rightarrow L0 & L0000
\end{array}
$$

Fig. 13

Wie man sieht, ist jede Ziffer immer durch genau 2 Dual-Einsen und 5 Dual-Nullen dargestellt. Diese Anordnung wird natürlich durch einen Ver-

---

[1]) Mark II und die BINAC sind Zwillingsmaschinen, sie können auch einzeln verwendet werden.

sager sofort gestört, worauf ein Fehler gemeldet wird. Eine Kompensation durch zwei simultane Versager ist äußerst unwahrscheinlich und kann außer Betracht gelassen werden.

g) In neuester Zeit wurde in den Bell Telephone Laboratories ein Zusatzgerät zu Rechenmaschinen gebaut, welches Fehler aufdecken und sogar verbessern kann.

Zu diesem Zweck werden einer Folge von Dualziffern, welche eine reine Dualzahl oder eine verschlüsselte Dezimalzahl darstellen können, noch einige spezielle Kontrollziffern zugefügt[1]).

Beispiel: Die vierstellige Dualzahl $a = a_1 a_2 a_3 a_4$ wurde durch Einfügen von drei weiteren Dualziffern $b_1\, b_2\, b_4$ zu einer siebenstelligen Dualzahl $b = b_1\, b_2\, b_3\, b_4\, b_5\, b_6\, b_7$ ergänzt:

$$b_1 = a_1 + a_2 + a_4 \ (\text{mod } 2),$$

$$b_2 = a_1 + a_3 + a_4 \ (\text{mod } 2),$$

$$b_3 = a_1,$$

$$b_4 = a_2 + a_3 + a_4 \ (\text{mod } 2),$$

$$b_5 = a_2,$$

$$b_6 = a_3,$$

$$b_7 = a_4,$$

so daß man aus der Zahl b jederzeit die ursprüngliche Zahl a herauslesen kann. Wird nun in der Ziffernfolge $b_1 \ldots b_7$ fälschlicherweise eine Dualziffer verändert, so kann man diese wie folgt lokalisieren: Man bildet die dreistellige Dualzahl $x = x_1\, x_2\, x_3$:

$$x_1 = b_4 + b_5 + b_6 + b_7 \ (\text{mod } 2),$$

$$x_2 = b_2 + b_3 + b_6 + b_7 \ (\text{mod } 2),$$

$$x_3 = b_1 + b_3 + b_5 + b_7 \ (\text{mod } 2).$$

Falls nun $x = 0$ ist, und nur in diesem Fall, ist die Zahl b unverändert richtig, falls aber $x \neq 0$ ist, ist die Dualziffer b_x falsch und kann durch Umkehren, das heißt Ersetzen durch $1 - b_x$, richtiggestellt werden.

Bei mehr als vierstelligen Dualzahlen ist die Zahl der notwendigen Kontrollziffern größer, zum Beispiel n Kontrollziffern für eine $(2^n - n - 1)$-stellige Zahl.

---

[1]) Vgl. R. W. Hamming [26], ferner: A. Lion, *Automatische Fehlerkorrektur für Rechenmaschinen*, Neue Zürcher Zeitung, 19. Juli 1950, Blatt 4.

§ 5. Physikalische Grundlagen

In Kapitel 2 sind die Hauptteile eines Rechenautomaten bezüglich ihrer Funktion beschrieben worden. Gegenstand des vorliegenden Kapitels wird es sein, den Aufbau dieser Teile im einzelnen zu studieren.

5.1. *Logische Grundschaltungen*

5.10. Elektrische Darstellung dualer Zahlen

Zunächst soll dargelegt werden, wie die Zahlenwerte und Befehle durch elektrische Signale dargestellt werden. In Kapitel 3 wurde gezeigt, daß alle in einer Maschine vorkommenden Informationen durch die wiederholte Anwendung der Ziffern 0 und 1 ausgedrückt werden können. Für diese zwei Ziffern werden nun verschiedene elektrische Analogien verwendet, deren Auswahl im allgemeinen von den verwendeten Schaltelementen abhängt. Wichtig sind die drei folgenden Möglichkeiten:

a) Ein- und ausgeschaltete elektrische Leitung für 1 und 0: Dieses Verfahren wird besonders in Relaisschaltungen verwendet. Die Zahl 1 wird durch eine durchgehende Verbindung zur Spannungsquelle dargestellt, die Zahl 0 durch eine unterbrochene Verbindung, gemäß Fig. 14 a.

b) Zwei verschiedene Spannungspegel für 1 und 0: Dies kommt in Röhrenschaltungen zur Anwendung. Das Spannungsdiagramm für die zeitliche Ziffernfolge 110010 ist in Fig. 14 b dargestellt. Es ist ersichtlich, daß die Spannung zwischen aufeinanderfolgenden 1-Werten nicht auf einen Ausgangswert zurückkehrt. Diese Darstellung von Zahlen wird daher auch als «statische» bezeichnet.

c) Eintreffen oder Ausbleiben eines Impulses für 1 und 0, eine Darstellung, welche im Zusammenhang mit besonderen Speicherverfahren benützt wird. Die zeitliche Folge 110010 sieht in ihrem Spannungsdiagramm entsprechend Fig. 14 c aus. Es ist ersichtlich, daß die Werte 1 und 0 hier nicht mehr gleichberechtigt sind, indem 0 als Ruhelage eine Vorzugsstellung einnimmt.

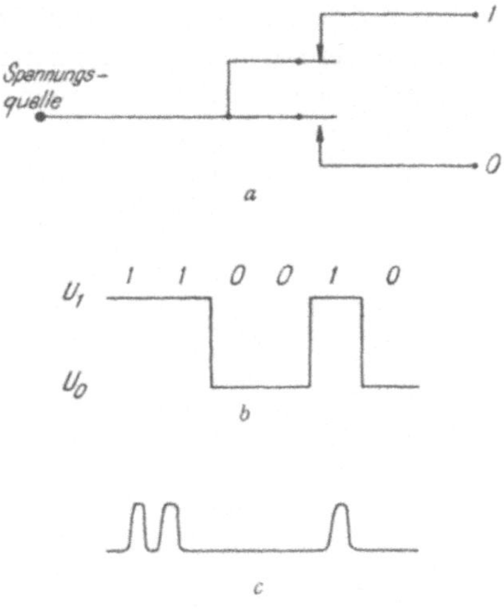

Fig. 14

Die Darstellung von Dualziffern durch elektrische Analogien.

5.11. Die logischen Grundoperationen

Die im vorhergehenden Abschnitt dargelegten Potentiale lassen sich als Funktionen auffassen, welche nur zwei Funktionswerte annehmen können. Daher ist zu ihrer mathematischen Behandlung der Aussagenkalkül der theoretischen Logik geeignet; der Wert 1 wird als richtige Aussage, der Wert 0 als falsche Aussage aufgefaßt. Dieser Kalkül wird hier in seinen Grundzügen als bekannt vorausgesetzt[1]).

Es läßt sich zeigen [29], daß zur Darstellung aller Aussagenverbindungen nur drei Grundverknüpfungen nötig sind, nämlich

die Negation:
$$f(A) = \bar{A} \,,$$

die Disjunktion:
$$g(B, C) = B \vee C$$

und die Konjunktion:
$$h(D, E) = D \,\&\, E$$

Es wird nun eine Anzahl von Schaltungssystemen beschrieben, welche die Ausführung von logischen Operationen besorgen und welche sich in der Praxis bewährt haben. Jedes dieser Systeme ist *vollständig* in dem Sinn, als es mindestens die drei erwähnten Grundverknüpfungen auszuführen gestattet. Dabei ist es belanglos, ob diese Operationen mit je einem einzigen Element dargestellt werden oder ob dazu Elemente kombiniert werden müssen. Gelegentlich werden auch mehr als drei verschiedene Elemente vorgesehen; dies bewirkt, daß gewisse Aussagenverbindungen auf verschiedene Arten verwirklicht werden können, und ermöglicht in komplizierteren Fällen eine Materialersparnis.

5.12. Elektromechanische und elektronische Verwirklichung

Mit elektromagnetischen Relais läßt sich ein einfaches und zweckmäßiges Schaltungssystem aufbauen; die Darstellung der Werte 0 und 1 erfolgt nach § 5.10, Abschnitt a. Die Schaltungen sind in Fig. 15 gezeigt[2]).

Die Ausgänge dieser Schaltungen können verwendet werden, um weitere Kontakte zu speisen, oder sie können mit Spulen verbunden werden und dadurch neue Relais betätigen. In diesem Fall ist zu

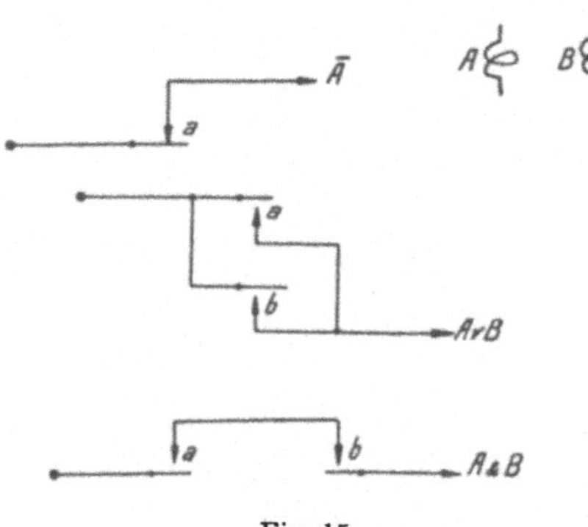

Fig. 15

Grundschaltungen mit elektromagnetischen Relais.

---

[1]) Die hier verwendete Symbolik lehnt sich an diejenige von Hilbert [29] an.

[2]) Nach den in der Schweiz üblichen Normen werden die Relaisspulen mit großen Buchstaben und die durch sie betätigten Kontakte mit entsprechenden kleinen Buchstaben dargestellt.

beachten, daß ein zusätzlicher Zeitverzug eingeführt worden ist, welcher der Anzugs- bzw. Abfallzeit der Relais entspricht; diese Tatsache verbietet in vielen Anwendungen die Verwendung zusätzlicher Spulen innerhalb einer Schaltung, obwohl sich dadurch eine bedeutende Einsparung an Material erzielen ließe.

Die Ansprechzeit von Relais läßt sich nicht wesentlich unter 5 ms reduzieren, ohne daß die Betriebssicherheit leidet. In schnell arbeitenden Rechenautomaten muß daher zu Vakuumröhren gegriffen werden. Da nur zwei verschiedene Funktionswerte zu verarbeiten sind, werden diese auf der Charakteristik der Röhre möglichst weit auseinandergelegt, und die Aussteuerung erfolgt weit über den linearen Teil hinaus. Dadurch wird erreicht, daß Typenstreuung und Alterung der Röhren nur wenig Einfluß auf die Schaltung haben. — Die Zusammenschaltung der Grundelemente wird durch die Verwendung von Röhren prinzipiell vereinfacht, da diese, im Gegensatz zu Relaiskontakten, gleichrichtende Eigenschaft haben und daher den Strom nur in einer Richtung durchlassen.

In den folgenden Abschnitten werden einige der gebräuchlicheren Schaltungssysteme beschrieben. Eine kurze Übersicht findet sich in [41].

5.13. Verwirklichung mit Dioden

Die beiden Grundverknüpfungen & und v lassen sich mit Dioden realisieren. Die Darstellung von 0 und 1 ist dabei etwa wie folgt:

$$0: \qquad 0 \text{ Volt}$$
$$1: +20 \text{ Volt}$$

Die Schaltungen sind in Fig. 16 ersichtlich. Sie lassen sich ebensogut verwenden, wenn die Werte 0 und 1 durch Impulse dargestellt sind, wobei das Bezugs- (Ruhe-) Pegel 0 Volt ist. Die angegebenen Spannungs- und Widerstandswerte sind als Beispiele zu betrachten.

Sollen mehrere Glieder dieser Art zusammengeschaltet werden, so sind sie durch Zuschalten von Trioden voneinander unabhängig zu machen, um Rückwirkungen zu vermeiden.

Die Negation kann nicht mit Dioden, welche passive Elemente sind, realisiert werden, sondern es muß zu gittergesteuerten Röhren gegriffen werden.

Dieses Schaltungssystem, welches sich bestens in die Symbolik von HILBERT einpaßt, wird in der Maschine EDSAC verwendet [58]. Es sei erwähnt, daß an Stelle der Dioden häufig auch Kristalle (Gleichrichterkristalle) verwendet werden; dies geschieht zum Beispiel in der Maschine BINAC sowie an andern Orten.

5.14. Verwirklichung mit Trioden

Dieses System verwendet zwei Grundverknüpfungen; die erste ist:

$$f(X, Y) = X \vee Y .$$

Aus dieser Funktion lassen sich die drei in § 5.11 vorgelegten Operationen durch Verwendung folgender Äquivalenzen kombinieren:

$$\bar{A} = f(F, A) \,,$$
$$B \vee C = f(B, \bar{C}) \,,$$
$$D \,\&\, E = \bar{f}(\bar{D}, E) \,.$$

F bedeutet hierbei eine immer falsche Aussage.

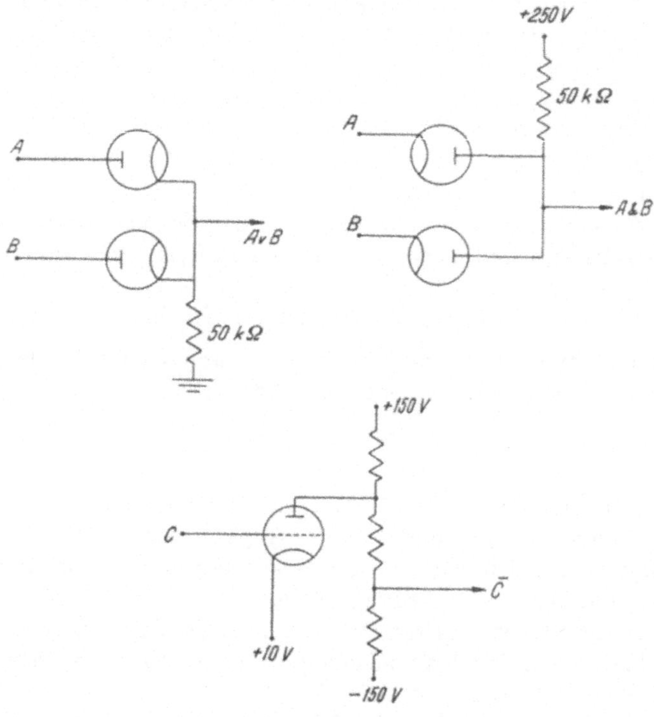

Fig. 16
Grundschaltungen mit Dioden.

Fig. 17*a* veranschaulicht die entsprechende Schaltung. Die dazugehörigen Spannungspegel sind:

0: − 20 Volt,

1: + 20 Volt.

Die angegebenen Widerstands- und Spannungswerte eignen sich für die Doppeltriode 6 J6.

Obwohl eine weitere Grundverknüpfung an sich nicht nötig wäre, ist ihre Verwendung im Interesse einer Materialersparnis doch wünschenswert. Es wird gewählt:

$$g(X, Y) = X \vee Y ,$$

welches gemäß Fig. 17 *b* realisiert wird. Die angegebenen Werte eignen sich wiederum für die Röhre 6J6. — Diese Elemente können direkt, also ohne die Verwendung von Puffern, aneinandergeschaltet werden.

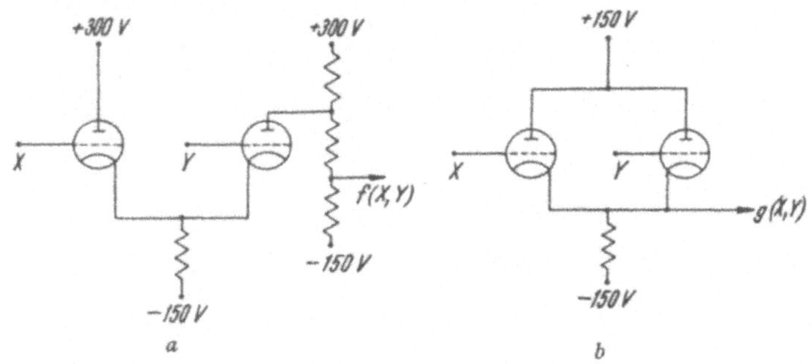

Fig. 17
Grundschaltungen mit Trioden.

Es ist zu beachten, daß diese Schaltungen keine Induktivitäten oder Kapazitäten enthalten und daher im allgemeinen wenig Neigung zu unerwünschten Schwingungen zeigen.

5.15. Realisierung mit Trioden und Pentoden

Das hier zu beschreibende System wurde von AIKEN [5] entwickelt; es verwendet die folgenden Verknüpfungen:

$$\overline{A \& B} ,$$
$$\overline{A \vee B} ,$$
$$A \vee B ,$$
$$\overline{A} .$$

Die Festsetzung bezüglich der Spannungspegel ist diese:

$$0: \quad - 20 \text{ Volt} ,$$
$$1: \quad + 1 \text{ Volt} .$$

Die Diagramme sind in Fig. 18 gegeben. Darunter sind die von AIKEN verwendeten Schaltungssymbole angegeben, welche die Aufstellung von leicht überblickbaren Diagrammen ermöglichen. (Die Buchstaben «CF» sind eine Abkürzung für Cathode Follower [Kathodenverstärker]).

Von Interesse ist besonders die erste Schaltung, welche die Pentode 6AS6 verwendet. Dies ist eine Röhre, deren Fanggitter eine hohe Steilheit besitzt und dadurch den Anodenstrom bereits bei einer mäßig negativen Spannung abschneidet. Mit einer konventionellen Pentode wäre die Schaltung nicht in

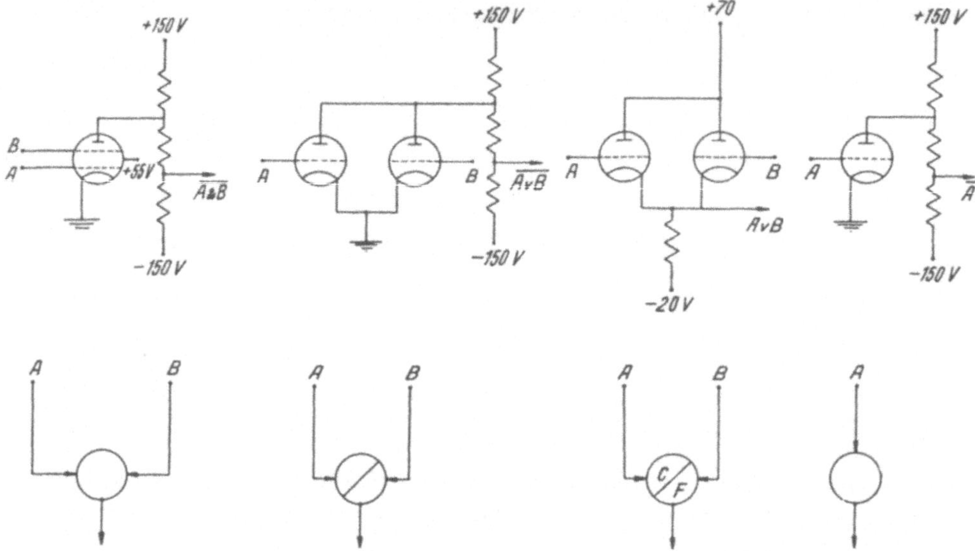

Fig. 18

Grundschaltungen mit Trioden und Pentoden.

dieser einfachen Weise zu verwirklichen, da das Fanggitter zu hohe Steuerspannungen benötigen würde. So aber können die gezeigten vier Grundelemente ohne Zuschaltung von Zwischengliedern direkt zu komplizierten Kombinationen zusammengeschaltet werden. Außerdem lassen sich die Anoden beliebig vieler Röhren parallel schalten, wobei nur ein einziger Spannungsteiler benötigt wird. Die Ausgangsvariable ist dann gleich Null, wenn mindestens eine der Röhren einen Anodenstrom führt.

Auch dieses Schaltungssystem verwendet weder Induktivitäten noch Kapazitäten. Es wird in der Maschine «Mark III» für statische Spannungen sowie für Impulse verwendet; die Grundfrequenz der Variablen beträgt dort etwa 30 kc/s.

5.16. Quellen für die statischen Spannungen

In der Anordnung gemäß § 5.12, welche Relaiskontakte verwendet, werden die statischen Spannungen durch die Stromquelle geliefert, welche eine Batterie oder ein rotierender Umformer sein kann. In den Schaltungen mit Vakuumröhren, wo beiden Werten 0 und 1 wohldefinierte Potentiale entsprechen, haben die Ausgangsvariablen im allgemeinen ihren Ursprung im Speicher, von wo sie in Form von Impulsen ankommen. Es ist also eine Anordnung nötig, welche durch Impulse in eine von zwei verschiedenen Stellungen gebracht werden kann und alsdann in dieser Stellung verharrt; diese Bedingung erfüllt der bekannte Flip-Flop, welcher aus zwei kreuzweise geschalteten Trioden besteht und zwei stabile Zustände besitzt.

Die zum System von § 5.15 passende Flip-Flop-Schaltung ist in Fig. 19 gezeigt. Schaltungen für die übrigen Systeme sind ähnlich und werden hier nicht besprochen.

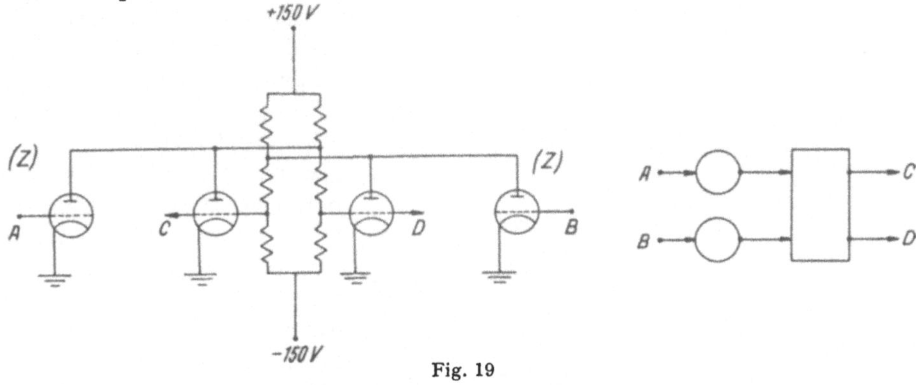

Fig. 19
Schaltung des Flip-Flop.

Von Wichtigkeit ist die Frage, wie der Flip-Flop durch Impulse gesteuert wird. Verfahren, welche die Schaltung durch Steuern eines einzigen Einganges abwechselnd in die eine und in die andere Stellung verbringen, werden in Rechenautomaten nur ungerne angewendet, da sie nicht genügend betriebssicher sind. Es ist vorteilhafter, zwei Eingänge vorzusehen, von denen je einer für die Stellung «0» und «1» verwendet wird; das betriebssicherste Verfahren verwendet zwei sogenannte Zieherröhren gemäß Fig. 19. Diese sind normalerweise nicht leitend; ein positiver Impuls auf das Gitter einer dieser Röhren macht die Anode leitend, «zieht» die Anodenspannung der benachbarten Flip-Flop-Röhre herunter und macht diese ebenfalls leitend.

Die Ablesung der Stellung des Flip-Flop erfolgt an einem der Gitter (C, D); die hier vorhandenen Potentiale entsprechen genau der Normierung von -20 bzw. $+1$ Volt. Es können somit die Grundelemente von Abschnitt § 5.15 angeschlossen werden.

Zu beachten ist, daß hier die Eingänge zu den Anoden führen, während die Ausgänge von den Gittern herkommen, entgegen der Festsetzung für Trioden in gewöhnlicher Schaltung.

Bei der Realisierung komplizierterer Schaltfunktionen wird oft die in Fig. 20 a angegebene Kombination benötigt. Es ist nun möglich, dies unter Verwendung von nur zwei Pentoden zu bewerkstelligen, indem deren Schirmgitter ebenfalls als aktive Elemente beigezogen werden; sie spielen in diesem Fall die Rolle der Anoden des Flip-Flop. Die Realisierung nebst dem von Aiken verwendeten Symbol ist unter b und c ersichtlich. Die Anodenkreise der Pentoden können ihrerseits wieder als Zieher für einen weiteren Flip-Flop verwendet werden; dann wird auf einen Impuls bei C hin der im ersten Flip-Flop enthaltene Ja-Nein-Wert auf den zweiten übertragen, bleibt aber trotzdem dort bestehen. Die Kette kann beliebig fortgesetzt werden, doch sind in allen Flip-Flops außer dem letzten Pentoden zu verwenden. Eine solche Kette kann als Verzögerungsleitung (delay line) mit veränderlicher Fortpflanzungsgeschwindigkeit betrachtet werden; die Impulse sind abwechselnd an alle geraden und an alle ungeraden Glieder anzulegen, und die Impulsfrequenz bestimmt die Geschwindigkeit der Fortpflanzung. Es sind also zwei Gruppen von phasenverschobenen Impulsen erforderlich. Diese zwei Impulsgruppen spielen allgemein im Aikenschen Schaltungssystem eine wichtige Rolle.

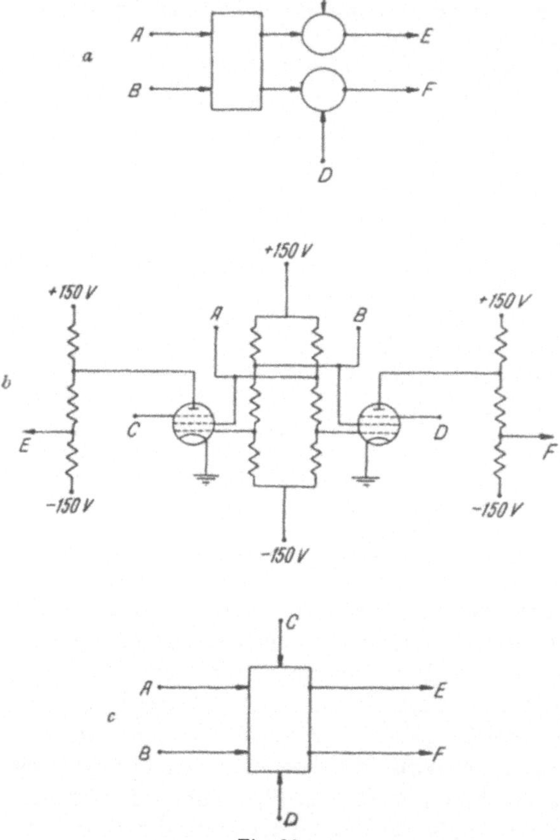

Fig. 20
Flip-Flop-Schaltung mit Pentoden.

Anordnungen von der beschriebenen Art werden überall dort verwendet, wo Ja-Nein-Werte um eine oder mehrere Impulszeiten verzögert werden müssen. Diese Art der Verzögerung ist betriebssicherer und zuverlässiger als der bekannte Tiefpaß, welcher Kapazitäten und Induktivitäten verwendet und welcher ebenfalls weite Verbreitung genießt.

Es besteht auch die Möglichkeit, den Ausgang einer solchen Kette mit umgekehrter Phase gemäß Fig. 21 wieder dem Eingang zuzuführen, wodurch ein Zähler entsteht, der als *Ring* bezeichnet wird. Diese Anordnung wird häufig

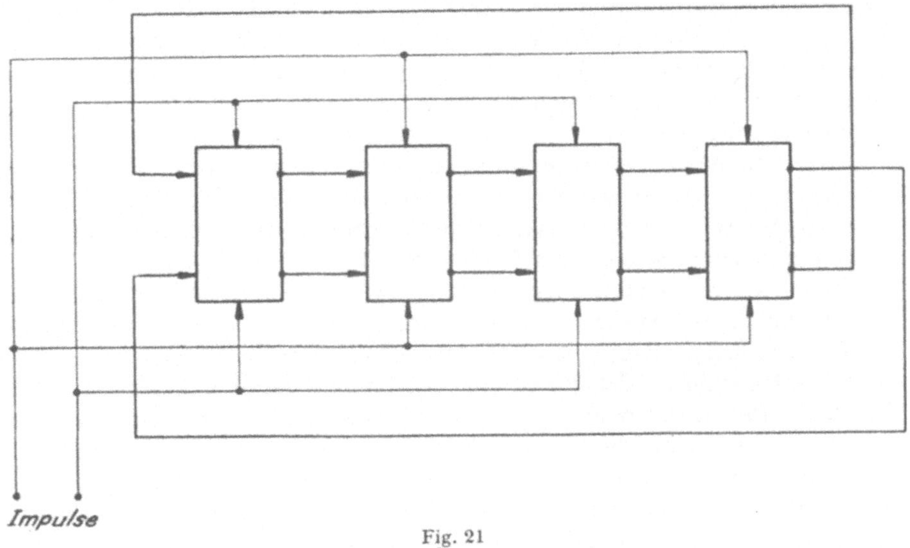

Fig. 21
Ringschaltung.

im Leitwerk eines Rechenautomaten verwendet, wo sie zur Steuerung der Operationen dient.

5.17. Die Frage der Betriebssicherheit

Bei der großen Anzahl der in einem Rechenautomaten verwendeten Schaltelemente spielt die Betriebssicherheit eine bedeutsame Rolle, und es muß von den Einzelteilen ein hoher Grad von Zuverlässigkeit verlangt werden. Es sind für diesen Zweck besondere Röhren auf den Markt gebracht worden, deren Kathode eine Lebensdauer von 18000 Stunden besitzt und die sich im Betrieb gut bewährt haben. Weiterhin werden die verwendeten Widerstände in bezug auf ihre Belastbarkeit mit einem Sicherheitsfaktor betrieben, und es werden nur Produkte erster Qualität verwendet. Die Verwendung von Elektrolytkondensatoren wird vermieden.

Trotzdem muß in einem elektronischen Rechengerät mit mehreren Betriebsunterbrüchen pro Woche gerechnet werden, und der Aufbau muß daher so erfolgen, daß auftretende Defekte sofort angezeigt werden und leicht behoben werden können (vgl. § 4.9).

5.18. Schaltungsalgebren

Es ist naheliegend, für elektrische Schaltungen nach einer mathematischen Symbolik zu suchen, welche einen besseren Überblick über das Verhalten der betreffenden Konfiguration gewährt. Insbesondere im Fall von Ja-Nein-Funktionen, wo die vorkommenden Variablen nur zwei verschiedene Werte annehmen können, sind für die Erfüllung gegebener Bedingungen oft mehrere verschiedene Schaltungen geeignet; ein zweckmäßiger Kalkül würde es gestatten, diese ineinander überzuführen.

Der erste Anstoß in dieser Richtung scheint von Shannon [48] gegeben worden zu sein. Er entwickelt eine Schaltungsalgebra, welche das Verhalten einer Konfiguration von Relaiskontakten beschreibt. Die Rechenregeln gleichen im wesentlichen denjenigen der Booleschen Algebra.

Eine ähnliche Algebra, welche jedoch etwas weiter geht und mathematisch besser fundiert ist, wurde von Plechl und Duschek [21], [43] vorgeschlagen.

Das Problem, für eine vorgeschriebene Funktion die Lösung mit dem geringsten Aufwand an Schaltelementen zu finden, wurde erstmals von Aiken bearbeitet [5]. Aiken beschreitet ähnliche Wege wie Shannon, doch ist seine Symbolik speziell für die Darstellung von Vakuumröhren-Operatoren gemäß § 5.15 und § 5.16 geeignet. Der von ihm mit «Minimizing» bezeichnete Prozeß wird mit Hilfe besonderer, eigens für diese Zweck vorbereiteter Tabellen auf analytischem Wege durchgeführt. — Im Aikenschen Verfahren sind auch gewisse Ansätze zur Einführung der Zeit als einer unabhängigen Variablen zu finden; doch lassen sich zeitliche Abläufe nur in beschränktem Grade darstellen, wie überhaupt alle erwähnten Algebren daran kranken, daß zeitliche Veränderungen, also zum Beispiel Rechenprozesse, nicht erfaßt werden können.

In der Praxis zeigt es sich, daß im allgemeinen beim Entwurf einer Schaltung ein geübter Ingenieur schneller und besser zum Ziel gelangt, wenn er durch Probieren die geeignetste Lösung sucht, als wenn er eine Schaltungsalgebra verwendet. Dagegen ist zur Formulierung von Bedingungen eine Symbolik in vielen Fällen wohl geeignet.

5.19. Die mechanische Schaltgliedtechnik

An dieser Stelle muß die in den vergangenen 15 Jahren von Zuse in Berlin entwickelte mechanische Schaltgliedtechnik erwähnt werden, obwohl sie sich nur für langsame Rechengeräte eignet und im Verein mit elektronischen Elementen kaum zur Verwendung kommen kann. Es handelt sich hier um ein Rechen- und Speicherverfahren auf rein mechanischer Grundlage, wobei jedoch, im Gegensatz zu den Vorgängen in Handrechenmaschinen, nur Ja-Nein-Werte vorkommen; das heißt, die mechanischen Glieder können nur zwei verschiedene Stellungen einnehmen. Dieses Prinzip eröffnet interessante Möglichkeiten, und es bestehen für die Weiterentwicklung gute Aussichten. Bisher liegen darüber keine Veröffentlichungen vor.

5.2. *Das Rechenwerk*

Das Rechenwerk führt im allgemeinen nur Additionen aus. Andere Operationen, wie Subtraktion, Multiplikation, ferner in gewissen Fällen Wurzelziehen und Division, werden durch ein im Leitwerk permanent eingebautes Programm in Additionen aufgespalten. Eine Ausnahme bildet lediglich die gelegentlich verwendete dezimale Multiplikationstafel, die zum Rechenwerk gehört; sie ist in § 5.24 beschrieben.

Ein Rechenwerk kann in Serie oder parallel arbeiten. Im ersten Fall werden die beiden Summanden je durch einen einzigen Kanal geführt und ziffernweise in einem einstelligen Addierwerk addiert; im zweiten Fall werden dem Rechenwerk sämtliche n Stellen der Summanden zugleich zugeführt und in n elementaren Addierwerken gleichzeitig addiert. Es ist klar, daß ein paralleles Addierwerk bedeutend schneller arbeitet und bedeutend mehr Material benötigt.

5.21. Das elementare Addierwerk

Im Falle des dualen Zahlsystems besitzt das elementare Addierwerk drei Eingänge A, B, C und zwei Ausgänge S, U. An den Eingängen A und B werden die entsprechenden Ziffern der beiden Summanden eingegeben und bei C ein allfälliger dualer Übertrag von der nächstniedrigen Stelle; am Ausgang S entsteht die Summe und am Ausgang U der duale Übertrag. Die Funktionen S und U hängen wie folgt von den Variablen A, B, C ab:

A	B	C	S	U
0	0	0	0	0
0	0	1	1	0
0	1	0	1	0
0	1	1	0	1
1	0	0	1	0
1	0	1	0	1
1	1	0	0	1
1	1	1	1	1

Es handelt sich hier also um zwei simultane Funktionen von drei Variablen. Es ist nun ein leichtes, diese Funktionen durch Kombination der Grundelemente herzustellen. Je nach der Art dieser Grundelemente sehen diese Kombinationen etwas verschieden aus. In Fig. 22 ist die Lösung in dem in § 5.15 beschriebenen

System wiedergegeben. (Die Bezeichnungen $\bar{A}$, $\bar{B}$, $\bar{C}$, $\bar{S}$ bedeuten, daß für diese Anschlüsse die Konvention bezüglich der Bedeutung von 0 und 1 umgekehrt ist, das heißt, daß in solchen Fällen eine Spannung von -20 Volt eine 1 bedeutet, eine solche von $+1$ Volt dagegen eine 0. Die Ausgangsvariablen eines solchen Addierwerkes rühren im allgemeinen von Flip-Flops her; dieser Umkehrung von 0 und 1 kann also durch einfache Vertauschung von zwei Anschlüssen Rechnung getragen werden).

Es ist zu beachten, daß dieses Addierwerk aus zwei gleichen Teilen besteht, welche die in Fig. 23 angegebene Form haben, und welche zwei duale Ziffern

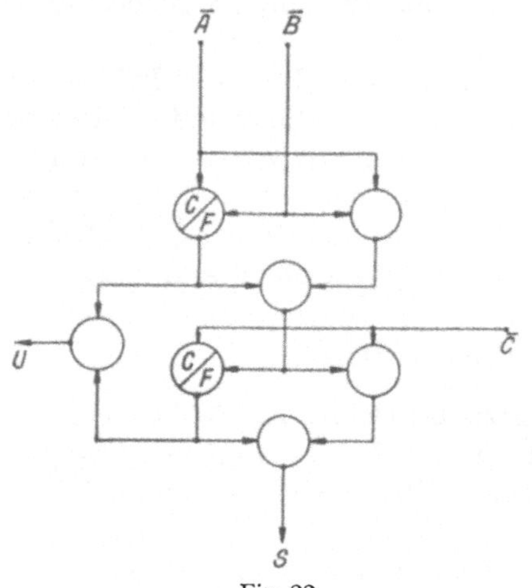

Fig. 22

Vollständiges elektronisches Addierwerk.

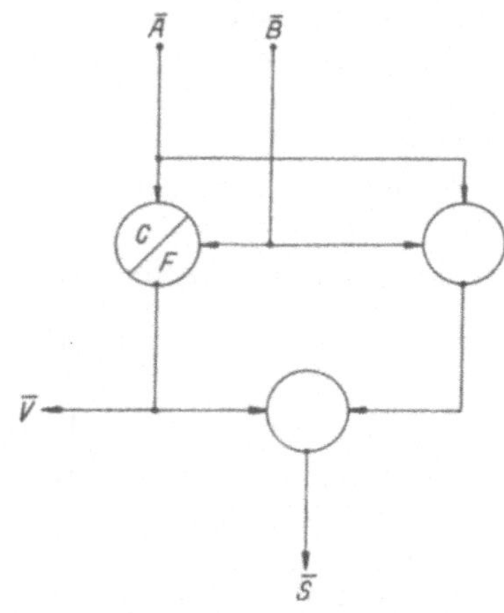

Fig. 23

Halbes Addierwerk
(ohne ankommenden Übertrag).

addieren können, deren Summe S ist. Der erste Teil (in Fig. 22 oben) addiert die Ziffern der Summanden, der zweite Teil addiert diese Summe zum Übertrag von der vorhergehenden Stelle. Aus jedem dieser Teile kann ein Übertrag V kommen; diese Überträge werden in der links befindlichen Pentode gemischt. Es läßt sich zeigen, daß niemals aus beiden Teilen gleichzeitig ein Übertrag kommen kann.

Analoge Addierwerke lassen sich mit den in § 5.13 oder § 5.14 beschriebenen Schaltungssystemen bauen.

Es gibt nun noch ein weiteres Verfahren zur Addition dualer Zahlen, welches von den beschriebenen grundsätzlich abweicht. Es beruht auf der Anwendung der Kirchoffschen Gesetze; solche Addierwerke werden daher als Kirchoff-Addierwerke bezeichnet. Sie machen sich die Tatsache zunutze, daß die Funktionen S und U in den unabhängigen Variablen A, B, C symmetrisch sind. Jede dieser Variablen schickt nun, wenn sie gleich 1 ist, einen bestimmten, genau festgesetzten Strom durch einen Widerstand, etwa gemäß Fig. 24. Es ist ersichtlich, daß der Punkt P die Spannungspegel 0, 50, 100, 150 Volt annehmen wird, je nachdem, ob die Summe $A + B + C$ gleich 0, 1, 2 oder 3 ist.

Es gilt nun, diese Potentiale bezüglich ihrer Bedeutung zu interpretieren. Es ist leicht zu sehen, daß ein Übertrag auf die nächste Stelle stattzufinden hat, sobald das Potential 100 Volt oder höher ist. Es ist daher eine Schaltung vorzusehen, welche etwa von 75 Volt an einen Übertrag abgibt. Schwieriger ist es, die Ziffernsumme S abzuleiten. Die Regel ist wie folgt: Wenn ein Übertrag festgestellt wurde, so sind 100 Volt zu subtrahieren. Dann bedeutet 0 Volt eine 0, 50 Volt eine 1.

Die Ströme von 10 mA werden von Röhren geliefert, die als Quellen konstanten Stromes geschaltet sind.

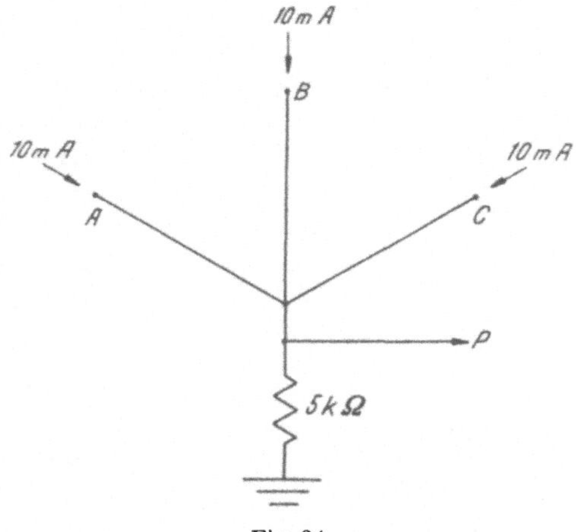

Fig. 24
Kirchoff-Addierwerk.

Die Deutung des Potentiales bei P geschieht ebenfalls durch Röhren. Es werden für eine Dualstelle insgesamt etwa 16 Trioden benötigt.

Diese Kirchoff-Addierwerke haben den Vorteil, außerordentlich schnell zu arbeiten, was insbesondere im Falle des parallelen Rechenwerkes zur Geltung kommt, wo ein Übertrag sich unter Umständen durch alle Stellen fortpflanzen muß, ehe das Resultat bereit ist. Ihr Bau und Unterhalt ist jedoch schwierig und erfordert bedeutende Erfahrung auf dem Gebiet der elektronischen Schaltungstechnik.

Die gezeigten elementaren Addierwerke führen Additionen, nicht aber Subtraktionen aus. Die Subtraktion wird durch Addition bei vorheriger Komplementbildung des Subtrahenden ersetzt, wie dies in Kapitel 3 dargelegt worden ist. Die Bildung der Komplemente ist überaus einfach, wenn man sich erinnert, daß die Variablen im allgemeinen durch einen Flip-Flop ins Addierwerk eingespiesen werden. Es handelt sich also lediglich darum, den Anschluß von einem Gitter zum andern umzuschalten, was auf elektronischem Wege geschieht.

Die vorstehenden Bemerkungen gelten für das Rechenwerk eines dualen Rechenautomaten. Im Falle dezimaler Maschinen, wo die Dezimalziffern durch eine duale Verschlüsselung dargestellt werden, werden im allgemeinen diese vier Dualstellen so addiert, als wären sie eine duale Zahl, das heißt mit Hilfe der obenerwähnten elementaren Addierwerke. Alsdann ist in gewissen Fällen eine Korrektur anzubringen, welche sich nach der Art der Verschlüsselung richtet. Die Schaltungen, die diese Korrektur bewirken, bauen sich aus den üblichen Grundelementen auf; sie sollen im einzelnen hier nicht beschrieben werden.

5.22. In Serie arbeitende Rechenwerke

In einem solchen Rechenwerk ist das verwendete Addierwerk nur einstellig. Dieses besitzt für jeden Summanden einen einzigen Eingang, wo eine Stelle nach der andern, beginnend mit der niedrigsten, eingespiesen wird. Der entstehende Übertrag wird um eine Stellenzeit verzögert und dem Übertragseingang wieder zugeführt. Diese Anordnung ist in Fig. 25 gezeigt. Die Verzögerung wird auf eine der in § 5.16 beschriebenen Arten verwirklicht.

Von Interesse ist stets das Verhalten eines Addierwerkes bei durchgehendem Übertrag, das heißt in solchen Fällen, wo das Vorhandensein eines Übertrages in der folgenden Stelle wiederum einen solchen verursacht. Dies tritt bei Additionen von folgender Form ein:

$$\text{LLLLL} + \text{L} = \text{L00000} \, .$$

Das vorliegende Addierwerk wird diesen Fall ohne Schwierigkeiten bewältigen, da für die Addition einer Stelle jeweils die Dauer einer ganzen Ziffernzeit zur Verfügung steht.

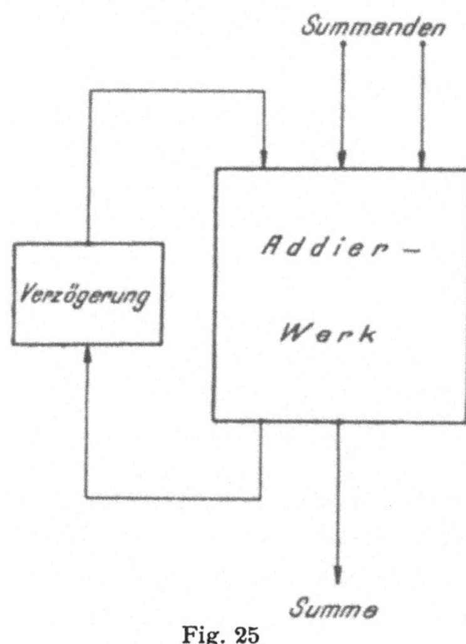

Fig. 25
Addierwerk in Serieschaltung.

In einfachen Rechenautomaten gelangen die Zahlen direkt vom Speicher ins Addierwerk. In andern Fällen besitzt das Rechenwerk gesonderte Register, welche die Zahlen aufnehmen und für die Verwendung im Addierwerk bereit halten. Diese müssen regenerierende Register sein, welche eine Ziffer nach der andern abgeben. Die aus dem Addierwerk kommenden Resultate gehen ebenfalls entweder in den Speicher oder auf ein Zwischenregister.

Gelegentlich ist in diesem Zusammenhang der Übergang von paralleler auf Serien-Darstellung erforderlich; dieser Vorgang ist in [41] beschrieben.

5.23. Parallel arbeitende Rechenwerke

Ein solches Rechenwerk verwendet ebenso viele elementare Addierwerke, wie die zu verarbeitenden Zahlen Stellen besitzen; alle Ziffern werden gleichzeitig eingegeben, und der Übertrag läuft von einer Stelle zur andern. Hier spielen die Zeitkonstanten in den Schaltungen eine wichtige Rolle; denn die Summe an der Stelle i (und damit auch der Übertrag zur Stelle $i + 1$) kann erst dann richtig sein, wenn der Übertrag von der Stelle $i - 1$ her eingetroffen ist. Daher ist in einem solchen Addierwerk die Additionszeit gleich der Summe der Zeitkonstanten aller elementaren Addierwerke. Dies bewirkt eine empfindliche Verlangsamung des Rechenprozesses. In dieser Hinsicht sind die Kirchoff-Addierwerke überlegen, da sich der Übertrag aufzubauen beginnt, bevor die Ziffernsumme vollständig gebildet ist.

Einen interessanten Sonderfall bilden die parallelen Addierwerke mit Relais. Ihre Zeitkonstante liegt, entsprechend der Ansprechzeit eines Relais, in

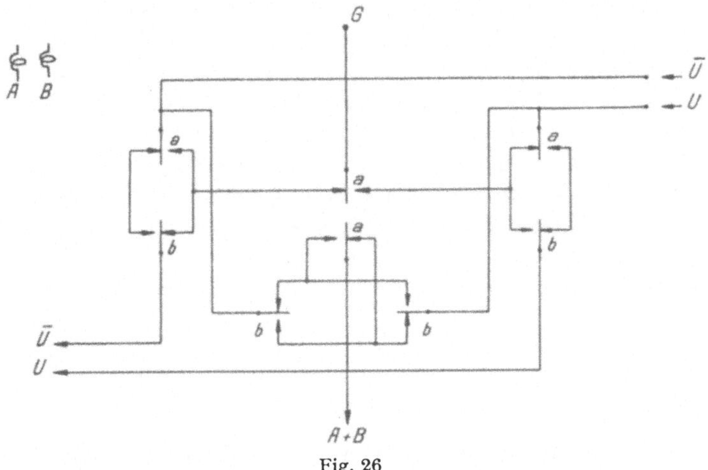

Fig. 26

Addierwerk mit elektromagnetischen Relais.

der Größenordnung von 10 ms. Es gibt nun eine Schaltung für das elementare Addierwerk, welche für die Verarbeitung des Übertrages keine Zeit benötigt, da ein von der vorhergehenden Stelle ankommender Übertrag nicht die Anziehung eines zusätzlichen Relais bewirkt, sondern lediglich gewisse Kontakte unter Spannung setzt. Fig. 26 veranschaulicht dies: A und B sind die zu addierenden dualen Ziffern; die Klemmen U und U sind unter Spannung, wenn der Übertrag 0 bzw. 1 ist. Bei G ist die Spannungsquelle anzuschließen. — Die Additionszeit eines parallelen Addierwerkes mit beliebig großer Stellenzahl ist nach dieser Anordnung gleich der Ansprechzeit eines einzigen Relais.

Es ist eine allgemeine Tatsache, daß in einer parallel arbeitenden Maschine das Leitwerk bedeutend einfacher als in einer Seriemaschine wird; dadurch wird der Mehraufwand im Rechenwerk teilweise ausgeglichen. Außerdem ist eine Parallelmaschine übersichtlicher, und die Fehlersuche gestaltet sich einfacher. Falls ein geeigneter Speicher gefunden werden kann, so dürfte das parallel arbeitende Rechenwerk mehr und mehr den Vorzug erhalten.

Der Vollständigkeit halber ist hier noch beizufügen, daß auch auf dem Zählerprinzip arbeitende parallele Rechenwerke im Gebrauch sind. In mechanischen Maschinen, wie zum Beispiel Mark I, gleichen sie den in Handrechenmaschinen verwendeten Zählern; in elektronischen Geräten sind es Röhrenzähler [49, 57].

5.24. Die Multiplikationstafel

Es wurde eingangs dieses Kapitels darauf hingewiesen, daß das Rechenwerk einer dezimalen Maschine im allgemeinen die Multiplikation durch wiederholte Addition ausführt. Gelegentlich findet man jedoch eine sogenannte Multiplikationstafel; dies ist eine Anordnung von Schaltröhren, welche von zwei dezimalen Ziffern direkt das Produkt bildet. Die Tafel besitzt somit zwei Eingänge für die beiden Faktoren und zwei Ausgänge, da das Produkt zweier Dezimalziffern im allgemeinen eine zweistellige Zahl ist. (Jeder dieser Ein- und Ausgänge besteht aus vier Anschlüssen, da die Ziffern dual verschlüsselt sind.) Die beiden Ausgänge liefern die Rechts- und die Linkskomponente des Produkts, zu dessen Summierung im allgemeinen zwei getrennte Addierwerke nötig sind (vgl. § 3.52). Die Multiplikationstafel beschleunigt den Vorgang der Multiplikation ganz erheblich.

Ein Beispiel einer solchen Anordnung ist in [19] beschrieben.

5.3. *Der Speicher*

5.30. Allgemeines

In einem Rechenautomaten ist es erforderlich, mehrere tausend Zahlen zu speichern, welche mit kurzer Suchzeit verfügbar sein müssen. Da eine Zahl aus 40–50 Dualstellen besteht, beläuft sich die geforderte Speicherkapazität auf 10^5 Ja-Nein-Werte oder höher. Im Gegensatz zu allen übrigen Teilen eines Rechenautomaten ist die Frage des Speichers bis heute als ungelöst zu betrachten; keines der bekannten Systeme erfüllt die Anforderungen bezüglich kurzer Suchzeit, Betriebssicherheit und annehmbarer Gestehungskosten in befriedigender Weise.

Unter der Suchzeit wird die Zeit verstanden, welche nach dem Ansteuern einer Speicherzelle vergeht, bis zu dem Zeitpunkt, da der Inhalt dieser Zelle ins Rechenwerk gegeben werden kann. Diese Suchzeit muß zur Rechenzeit in einem angemessenen Verhältnis stehen.

In diesem Kapitel werden nun neun Speicherverfahren, welche heute eine Bedeutung erlangt haben, beschrieben. Die sogenannten «äußeren Speicher», wie magnetische Bänder oder Lochstreifen, sind hier nicht enthalten, da sie in § 5.5 behandelt werden.

5.31. Der Zähler

In elektromechanisch arbeitenden Maschinen, zum Beispiel Mark I [1], werden die dezimalen Zähler gleichzeitig als Additionswerke und als Speicher verwendet. Die auf diese Weise erreichbare Speicherkapazität ist recht beschränkt, da Umfang und Kompliziertheit einer Maschine ein gewisses Maß nicht überschreiten dürfen. Mark I besitzt 72 Zellen mit je 23 Dezimalen.

5.32. Das Relais

Relais mit Haltekontakten erfüllen ebenfalls die an einen Speicher gestellten prinzipiellen Anforderungen und finden in Maschinen wie Mark II [3] Verwendung. Auch hier ist die Kapazität auf etwa 100 Zahlen[1]) beschränkt.

Die Ansprechzeit betriebssicherer Relais kann heute noch nicht wesentlich unter 6 ms reduziert werden; diese Zeit ist also zum Schreiben mindestens erforderlich.

Die Ansteuerung einer Speicherzelle erfolgt mittels einer sogenannten Relaispyramide ([3], Seite 42). Es läßt sich zeigen, daß zur Auswahl von n Speicherzellen $n - 1$ Doppelkontakte benötigt werden, welche sich an $\log_2 n$ Relais befinden. Die Betätigungszeit dieser Pyramide muß ebenfalls mindestens zu 6 ms angenommen werden. Somit wird die totale Suchzeit des Relaisspeichers 6 ms für das Ablesen und 12 ms für das Speichern betragen.

5.33. Der Flip-Flop

Die vorstehend beschriebenen Speicher sind in ihrer Arbeitsweise langsam und eignen sich nicht für die heute verwendeten, hohen Rechengeschwindigkeiten. Unter Zuhilfenahme von Elektronenröhren läßt sich bezüglich der Suchzeit ein Faktor von 10000 gewinnen. Beispielsweise kann der in § 5.16 beschriebene Flip-Flop als Speicher einer einzelnen Dualstelle verwendet werden. In geeigneter Schaltung ist es möglich, einen Ja-Nein-Wert in weniger als 1 μs zu speichern.

Das Ansteuern einer Speicherzelle kann wieder mit Hilfe einer Relaispyramide erfolgen; doch arbeitet diese im Vergleich zu den Flip-Flops unverhältnismäßig langsam. Dagegen lassen sich die Relaiskontakte der Pyramide durch Schaltröhren nach der Art von § 5.1 ersetzen (vgl. [5], Band 4, Kap. II, Seite 6), wodurch die Arbeitsgeschwindigkeit der Selektionsschaltung derjenigen des Speichers angepaßt ist.

In gewissen Fällen ist es zweckmäßig, an Stelle der Pyramide eine sogenante Schaltmatrix zu verwenden, welche den gleichen Zweck erfüllt. Dieses Verfahren ist in [18] und [41] beschrieben.

Dieser Speicher genügt bezüglich seiner Arbeitsgeschwindigkeit und Suchzeit allen Ansprüchen; sein einziger Nachteil ist der hohe Materialverbrauch von zwei Röhren pro Dualstelle. Er kann daher nur in Maschinen von ganz kleiner Speicherkapazität, wie zum Beispiel ENIAC [39], [53], [57] verwendet

---

[1]) Unter «Zahl» wird hier stets eine vielstellige Zahl samt Vorzeichen verstanden.

werden. Dagegen gelangt der Flip-Flop in Rechenwerk und Leitwerk ausgiebig zur Verwendung, wo einzelne Zahlen oder Dualstellen kurzzeitig zu speichern sind.

5.34. Die Ultraschalleitung

Nach Vollendung des Rechenautomaten ENIAC entstand das Bedürfnis, mit geringerem Aufwand an Elektronenröhren und anderen Teilen einen Speicher mit einer Kapazität von mehreren tausend Zahlen herzustellen. Eine der ersten brauchbaren Lösungen bestand aus einem flüssigkeitsgefüllten Metallrohr mit einem Durchmesser von 1—2 cm und einer Länge von 50—100 cm; das Rohr ist an beiden Enden durch je einen Piezokristall abgeschlossen (Fig. 27). Am einen Kristall (in der Figur links) werden elektrische Impulse angelegt, welche in mechanische Kräfte verwandelt werden und sich der Flüssigkeit in Form von Schallwellen mitteilen; alsdann pflanzen sie sich in axialer Richtung fort und gelangen auf den zweiten Kristall, welcher wieder elektrische Impulse erzeugt. Diese Impulse sind

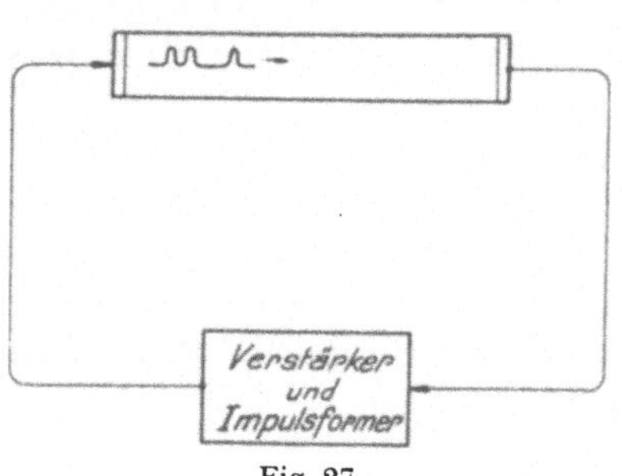

Fig. 27

Speicher mit Ultraschalleitung.

stark geschwächt und gleichzeitig (infolge der Frequenzabhängigkeit der Übertragung) verformt. Sie werden daher durch einen Verstärker und einen Impulsformer geleitet. Daraufhin gelangen sie wieder an den Eingangskristall. Es ist ersichtlich, daß auf diese Weise eine einmal eingegebene Impulsfolge während beliebig langer Zeit zirkulieren kann und somit gespeichert ist; diese Folge besteht aus einer Reihe von Impulsen und Lücken, welche die Ziffern 1 bzw. 0 bedeuten. Die Anzahl der zu speichernden Impulse ist gleich der Laufzeit der Schallwellen im Rohr multipliziert mit der Impulsfrequenz und liegt für praktische Ausführungen in der Größenordnung von 1000.

Um eine gute Erhaltung der Impulsform zu gewährleisten, werden die Impulse einem Träger als Modulation aufgedrückt; die Frequenz dieses Trägers liegt etwa bei 15 Mc/s und ist gleich der Resonanzfrequenz der Kristalle. Empfängerseitig erfolgt eine Demodulation. Die Impulslänge beträgt 1 μs oder weniger. Die an den Sendekristall anzulegende Spannung beträgt etwa 50 Volt; die Dämpfung infolge der Übertragung liegt bei 7 Neper, so daß empfängerseitig etwa 50 mV zur Verfügung stehen.

Die Piezokristalle sind aus Quarz. Die Flüssigkeit muß bezüglich ihrer akustischen Impedanz an den Quarz angepaßt sein, um Reflexionen zu vermeiden; diese Forderung wird durch Quecksilber erfüllt. An Stelle der Flüssigkeitssäule ist, wenn auch mit geringem Erfolg, die Verwendung eines Magnesiumstabes versucht worden.

Ein vollständiger Speicher besteht aus beispielsweise 32 solcher Röhren. Es ist wichtig, daß die Laufzeit der Schallwellen in allen Röhren genau dieselbe ist, da sonst die gespeicherten Impulse ihren Synchronismus verlieren. Dies wird durch sorgfältige Reduktion des Temperaturgradienten innerhalb des Speichers erreicht. Oft werden auch mehrere Schallkanäle in einem einzigen Gefäß vereinigt [10], [55]; da der Piezoquarz als große Kolbenmembran wirkt, sind die Schallstrahlen eng gebündelt, und es entsteht kein Übersprechen. Gewisse Konstrukteure bringen sogar im Innern des Gefäßes Reflektoren an, so daß die Schallwellen auf einer Zickzackbahn mehrmals hin und hereilen. Dadurch wird erreicht, daß sich die Form des Quecksilberbehälters mehr derjenigen eines Würfels nähert, was wiederum eine Verringerung des Temperaturgefälles ermöglicht.

Die gespeicherten Informationen sind nur zur Zeit ihres Durchlaufes durch den Verstärker verfügbar, während sie für die Dauer ihrer Fortpflanzung als Schallwellen nicht zugänglich sind. Die Suchzeit kann somit gleich der vollen Laufzeit werden, welche in der Größenordnung von 1 ms liegt.

Die Löschung des Speichers geschieht dadurch, daß der Durchgang durch den Verstärker für die Dauer eines Umlaufes gesperrt wird.

Dieser Speicher eignet sich besonders für Seriemaschinen; er wird jedoch auch zusammen mit parallel arbeitenden Rechenwerken verwendet [55].

Eine einzelne Ultraschalleitung benötigt für Verstärkung, Impulsformung, Modulation usw. etwa 15 Vakuumröhren, so daß ein Speicher für 1000 Zahlen mit 500 Vakuumröhren gebaut werden kann.

Beschreibungen und Schaltungstechnische Angaben von solchen Speichern finden sich in [10], [41], [53], [55], [58]; [30] gibt eine ausführliche Darlegung der physikalischen Theorie und der konstruktiven Details.

5.35. Magnetische Trommeln

Dieser Speicher besteht aus einer rotierenden Trommel, welche mit einer dünnen, magnetisierbaren Schicht bedeckt ist; auf dieser Schicht werden die zu speichernden Ja-Nein-Werte in Form von magnetischen Dipolen aufgezeichnet. Fig. 28a zeigt die entsprechende Anordnung. Es ist ersichtlich, daß die Dipole radiale Richtung haben.

Die Aufzeichnung erfolgt durch einen Strom von einigen Mikrosekunden Dauer, welcher durch die Spule des Magnetkopfes geleitet wird; dem Wert 0 entspricht ein negativer, dem Wert 1 ein positiver Impuls, entsprechend Fig. 28b. Die Ablesung erfolgt mit demselben Magnetkopf. Die induzierte Spannung ist die zeitliche Ableitung des magnetischen Flusses im Eisenkern; sie ist in Fig. 28c dargestellt.

Von Wichtigkeit ist es, diesen Spannungsverlauf richtig zu deuten, das heißt, ihn in eine Folge statischer Spannungen zu verwandeln, welche im

Rechenwerk verwendet werden können. Es gibt hiefür verschiedene Methoden; die vorteilhafteste scheint ein mit «sampling» (Ausblenden) bezeichnetes Verfahren zu sein, welches darin besteht, daß während jedes Impulses zu einer fest bestimmten Zeit (in der Figur durch Pfeile angedeutet) die Polarität der abgegebenen Momentanspannung ermittelt wird, welche einen Flip-Flop entspre-

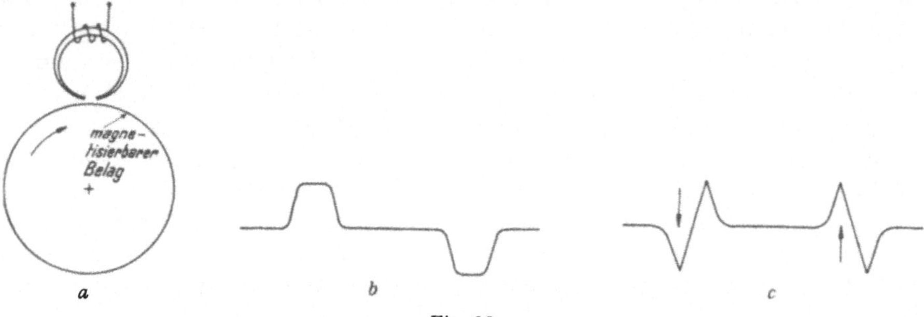

Fig. 28
Speicherung auf einem Magnetbelag.

chend steuert. Das Ausblenden dieses Momentanwertes erfolgt durch ständig vorhandene Uhrimpulse (clock pulses), welche eine Schaltröhre kurzzeitig öffnen. Diese Impulse sind in Form von lauter gleichsinnigen Dipolen auf einem gesonderten Umfang der Trommel aufgezeichnet; sie werden von dort ebenfalls mit Hilfe eines Magnetkopfes abgelesen, verstärkt und in annähernd rechteckige Form gebracht. (Ein einziger Impulsgenerator dieser Art genügt, um Uhrimpulse für den ganzen Speicher zu liefern.) — Dieses Verfahren ist in [5] beschrieben, und ein ähnliches findet sich in [17]. Andere Vorschläge gehen dahin, die Uhrimpulse durch die gespeicherten Informationsimpulse selbst zu erzeugen, welche vor dem Ausblenden künstlich verzögert werden.

Von der «sampling»-Methode grundsätzlich abweichend sind Verfahren, die zur Unterscheidung von 0 und 1 die abgelesenen Impulse differenzieren oder integrieren. Damit ist jedoch der Nachteil einer Anfälligkeit gegnüber Amplitudenänderungen verknüpft.

Ein eigentliches Löschen dieser Magnetisierung ist nicht vorgesehen; der magnetische Fluß beim Schreiben wird so stark gewählt, daß die Oberfläche der Trommel vollständig gesättigt wird. Wenn nun ein Dipol geschrieben wird, so wird ein bereits an derselben Stelle befindlicher Dipol völlig überdeckt, falls er umgekehrtes Vorzeichen hatte. Es ist jedoch wichtig, daß die Magnetisierungen mit größter Genauigkeit an derselben Stelle vorgenommen werden, ansonst Überlagerungen entstehen, die die Ablesung verunmöglichen.

Die erreichbare räumliche Dichte der Impulse auf der Trommel hängt stark von der Formgebung des Magnetkopfes ab. Die Breite in axialer Richtung beträgt im allgemeinen 3—4 mm; doch verwendet WILLIAMS Kanalbreiten von weniger als 1 mm. Die Impulslänge in tangentialer Richtung wurde von AIKEN [5] mit großer Sicherheitsmarge auf 2,5 mm festgesetzt; doch gehen BIGELOW [13] und andere bis 1/3 mm herunter. Es ist also möglich, pro Quadratmeter Trommeloberlfäche bis zu $3 \cdot 10^6$ Ja-Nein-Werte zu speichern; bis jetzt im Betrieb befindliche Maschinen zeichnen aber pro Quadratmeter nur etwa 10^5 Impulse auf (Mark III von AIKEN). Die dort verwendeten Magnetköpfe gleichen denjenigen, welche heute zur Schallaufzeichnung auf Tonbändern mit Eisenoxydbelag im Gebrauch sind. Sie besitzen zwei Wicklungen von verschiedenem Wicklungssinn und einer Induktivität von je 3—4 mH; die Größe des Luftspaltes im Eisenkern beträgt 0,07 mm, und in der gleichen Größenordnung liegt der Abstand des Magnetkopfes von der Trommeloberfläche. Die hohe Induktivität beschränkt die Impulsfrequenz, die zur Aufzeichnung verwendet werden kann; AIKEN verwendet 30 kc/s. Die durch die Dipole in diesen Magnetköpfen induzierte Spannung, welche zur Ablesung verwendet wird, liegt zwischen 50 und 100 mV; ihre Verstärkung bereitet keine besonderen Schwierigkeiten.

BIGELOW [13], BOOTH [17] und andere verwenden an Stelle eines Magnetkopfes einen einzelnen, sehr dünnen Draht mit einer Länge von etwa 1 mm, welcher in axialer Richtung überaus nahe entlang der Trommel verläuft. Er verursacht ein magnetisches Feld, welches prinzipiell gleich wie das in Fig. 28 a gezeigte verläuft; zur Sättigung der Trommeloberfläche ist in diesem Fall eine Stromstärke von 10—20 A erforderlich. Infolge der niedrigen Impedanz der Anordnung können außerordentlich kurze Impulszeiten verwendet werden; immerhin sind zur Erzeugung der hohen Stromstärken besondere Schaltungen erforderlich. Die zum Zwecke der Ablesung in diesem Draht induzierte Spannung ist sehr klein, doch läßt sie sich durch Zwischenschaltung eines Transformators etwas erhöhen, bevor sie auf einen Verstärker gegeben wird. Mit dieser Anordnung kann eine Impulsfrequenz bis zu 100 kc/s verwendet werden.

Impulsfrequenz, Umfangsgeschwindigkeit und Impulsdichte sind miteinander verknüpft: AIKEN verwendet Trommeln von 20 cm Durchmesser, welche mit 7200 Umdrehungen pro Minute rotieren; doch entstehen dadurch bereits konstruktive Probleme schwieriger Art. Die Trommeln bestehen aus massivem Aluminium. Für die magnetische Oberfläche, deren Dicke 0,01 bis 0,03 mm beträgt, kann entweder eine galvanisch aufgetragene Nickelschicht verwendet werden oder dann eine aufgespritzte Suspension von Eisenoxyd; solches Material wird neuerdings zur Verwendung auf Tonbändern in großen Mengen hergestellt. Ersteres Verfahren wird in England, letzteres in Amerika bevorzugt.

Da ein Speicher oft mehrere hundert Magnetköpfe verwendet, stellt sich hier wieder das Problem, im Verlaufe eines Rechenvorganges den gewünschten auszulesen. Dies geschieht mit Hilfe von Relais oder, falls ein schnelleres Arbeiten erwünscht ist, durch Schaltröhren. Immerhin sind die zum Schreiben benötigten Ströme im allgemeinen zu hoch, als daß sie durch Schaltröhren gesteuert werden könnten, so daß für jeden Schreibkopf eine gesonderte Röhre erforderlich ist.

Für den Erbauer eines Rechengerätes sind die folgenden Eigenschaften dieser Art von Speicher charakteristisch: Die Suchzeit ist gleich einer Umdrehungszeit und kann somit nicht wesentlich unter 10 ms herabgesetzt werden (außer durch Anbringung mehrerer Magnetköpfe entlang einem Umfang, was aber vielerlei Nachteile mit sich bringt); die Impulsfrequenz ist auf etwa 100 kc/s beschränkt; die mechanische Fertigung ist teuer; die Arbeitsweise ist sehr zuverlässig und betriebssicher; die erreichbare Speicherkapazität ist groß; die Speicherung bleibt nach Ausschaltung der Stromquellen erhalten.

5.36. Das Selectron

Dieser Speicher wurde vom Erfinder Rajchman erstmals 1946 beschrieben [39]. Die Speicherung beruht auf der bekannten Tatsache, daß eine durch einen Kathodenstrahl bombardierte isolierende Schicht zwei stabile Potentiale annehmen kann, nämlich dasjenige der Kathode sowie dasjenige der beschleunigenden Elektrode (Anode). Im ersten Fall sorgen die auftreffenden langsamen Elektronen für Aufrechterhaltung des Potentials; im zweiten Fall lösen die schnellen Elektronen eine Sekundäremission aus, und das stabile Potential stellt sich ein, sobald der Faktor der Sekundäremission gleich 1 ist.

Das Selectron nach dem ursprünglichen Vorschlag [39], [45] besitzt eine stabförmige Kathode, welche von der zylinderförmigen isolierenden Schicht (Schirm) umschlossen ist. Dazwischen liegt die beschleunigende Elektrode (Kollektor) in Form eines zylindrischen Gitters. Auf dem Schirm werden nun diskrete Felder ausgeblendet, und zwar mit Hilfe zweier orthogonaler Scharen von Stäben, die zwischen Kathode und Kollektor angebracht sind. Diese sind nach elektronenoptischen Gesichtspunkten so geformt, daß der Elektronenstrom nur dann durch ein Fenster treten kann, wenn alle vier begrenzenden Stäbe positives Potential haben. Durch geschickte kombinatorische Verbindung der Stäbe ist es ermöglicht, daß nur relativ wenig Zuleitungen aus dem Glaskolben zu führen sind. So kann mit Hilfe von nur 18 Anschlüssen ein beliebiges von 256 Fenstern geöffnet werden.

Normalerweise sind alle Fenster geöffnet, wodurch der Elektronenstrom auf den ganzen Schirm freigegeben ist; dadurch ist der Ja-Nein-Wert in jeder Zelle auf beliebig lange Zeit gespeichert. Zum Schreiben und Ablesen ist noch eine weitere Elektrode, die Signalelektrode, vorgesehen, welche auf der Rückseite (also außerhalb) des isolierenden Schirms angebracht ist und somit kapazitiv mit der Schirmoberfläche gekoppelt ist. Um nun eine 0 oder eine 1 in eine bestimmte Zelle einzuschreiben, werden alle Fenster außer dem gewünschten geschlossen; dann erhält die Signalelektrode einen abrupt ansteigenden, aber langsam absinkenden negativen (oder positiven) Spannungsstoß. Dadurch werden die Potentiale aller Zellen mitgenommen, kehren aber wieder auf ihren

Ausgangswert zurück, mit Ausnahme der gewünschten Zelle, in welcher die Zu- oder Abfuhr von Elektronen den Verschiebungsstrom aufwiegen kann.

Die Ablesung geschieht auf ähnliche Weise, indem das Vorhandensein eines Verschiebungsstromes in der Signalelektrode festgestellt wird. Die zum Schreiben oder Ablesen benötigte Zeit beträgt einige Mikrosekunden. Der Speicher eignet sich somit für einen außerordentlich schnellen Rechenautomaten. — In einer einzelnen Röhre können 256 Ja-Nein-Werte gespeichert werden.

Es ist noch kein Rechenautomat unter Verwendung des Selectrons gebaut worden. Der heutige Stand der Entwicklung weicht etwas von den gegebenen Beschreibungen ab, doch sind darüber keine Veröffentlichungen vorhanden.

5.37. Die Kathodenstrahlröhre als Speicher

Der Leuchtschirm einer Kathodenstrahlröhre ist eine isolierende Schicht, von welcher vorhandene Ladungen nur langsam abfließen können; die Zeitkonstante dieser Entladung beträgt etwa 0,2 s. Wenn es somit gelingt, Punktladungen auf einem Leuchtschirm vor ihrem vollständigen Abklingen abzulesen und zu erneuern, so ist damit ein Speicher für 1000 oder mehr Ja-Nein-Werte geschaffen.

F. C. WILLIAMS [63] verwendet eine gewöhnliche Kathodenstrahlröhre und löst das Problem der Unterscheidung von 0 und 1 sowie des Schreibens und des Ablesens wie folgt: Außerhalb des Leuchtschirms ist eine Platte angebracht, welche dadurch mit dem Schirm kapazitiv gekoppelt ist; sie ist mit dem Eingang eines Verstärkers verbunden. Soweit ähnelt die Anordnung einem Ikonoskop. Eine 0 wird nun geschrieben, indem der Elektronenstrahl für kurze Zeit auf einen Punkt gerichtet wird. Dadurch entsteht infolge der Sekundäremissions-Eigenschaften des Schirms im Zentrum eine positive Ladung, welche von einem Wall negativer Ladung umgeben ist. Der Mittelpunkt dieser Konfiguration ist als Sitz der Speicherung zu betrachten, und das Vorzeichen der Ladung an dieser Stelle ist das Kriterium für die gespeicherte Ziffer. Soll eine 1 geschrieben werden, so wird, wie vorher, der Strahl kurzzeitig auf den betreffenden Punkt gerichtet, kurz danach aber auf eine benachbarte Stelle, die etwa um einen Strahldurchmesser entfernt liegt. Der «Wall» dieser zweiten Operation wird die positive Ladung am Speicherrand in eine negative verwandeln.

Die Ablesung geschieht dergestalt, daß der Elektronenstrahl in Richtung auf den Speicherpunkt eingeschaltet wird; dadurch entsteht in der mit dem Schirm kapazitiv gekoppelten Platte ein Verschiebungsstrom, dessen Vorzeichen vom Vorzeichen der Ladung an dieser Stelle und somit von der gespeicherten Ziffer abhängt.

Es wurde darauf hingewiesen, daß die aufgebrachten Ladungen allmählich abfließen; die gespeicherten Werte müssen daher periodisch erneuert werden. Zu diesem Zweck wird in zyklischer Folge ein Wert nach dem andern abgelesen und sofort neu eingeschrieben. Soll ein Wert zur Verwendung im Rechengerät abgelesen werden, so wird der Regenerationszyklus für die Dauer dieser Operation unterbrochen.

In der Anordnung von Williams werden auf einem Schirm 1024 Werte gespeichert; die Regeneration oder Ablesung eines Wertes dauert etwa 1 μs. Somit kann der ganze Inhalt pro Sekunde 1000mal regeneriert werden, was gegenüber dem Abfließen der Ladung eine weite Sicherheitsmarge darstellt.

Die Suchzeit ist gegenüber der Ablesezeit verschwindend kurz, da der Kathodenstrahl sehr schnell von einer Stelle zur andern abgelenkt werden kann. Dieser oft mit «Williams Tube» bezeichnete Speicher eignet sich somit für die schnellsten heute im Bau befindlichen Rechenautomaten.

Die zur beschriebenen Anordnung gehörenden elektrischen Schaltungen sind überaus kompliziert und haben bis jetzt noch nicht den gewünschten Grad von Betriebssicherheit erreicht. Es wird jedoch an verschiedenen Stellen in England und Amerika eine rege Entwicklungstätigkeit betrieben, und es ist zu erwarten, daß dieser Speicher eine Rolle von zunehmender Wichtigkeit spielen wird.

Eine ähnliche Anordnung ist von Haeff [25] vorgeschlagen worden.

5.38. Magnetische Speicherung in diskreten Zellen

Von den Eigenschaften der magnetischen Hysterese kann, neben der in § 5.35 beschriebenen punktweisen Magnetisierung einer homogenen Schicht, auch in der Weise Gebrauch gemacht werden, daß in einem ringförmigen Eisenkern ein positiver oder negativer Fluß induziert und dadurch gespeichert wird. Hiefür eignet sich insbesondere eine neue Legierung von Eisen und Nickel, welche eine nahezu rechteckige Hysteresiskurve besitzt; sie trägt die Markenbezeichnung «Deltamax». Nach einem Vorschlag von Aiken, der in [5] und [64] beschrieben ist, werden Ringkerne mit einem Durchmesser von 2 cm und einer Dicke von nur 0,05 mm verwendet, welche drei Wicklungen tragen. In dieser Anordnung ist es möglich, den in einer solchen Einheit gespeicherten Ja-Nein-Wert durch einen von außen eingegebenen Impuls auf eine nächste Einheit zu übertragen; werden viele Einheiten zu einem Ring zusammengeschlossen, so kann dadurch eine Gruppe von Ja-Nein-Werten beliebig lange zirkulieren. Die Geschwindigkeit dieser Zirkulation ist durch die Frequenz der eingegebenen Impulse bestimmt und kann beliebig verändert oder gleich Null gemacht werden. Die Zusammenschaltung erfordert keine Elektronenröhren.

Diese Anordnung ist nicht als Speicher großer Kapazität gedacht, sondern als Register in einem Rechenwerk, wo eine Verschiebung mit variabler Geschwindigkeit vorgenommen werden muß, und ebenso als Übergang von Rechenwerk zu Druckwerk oder von Eingang zu Rechenwerk.

Die höchste verwendbare Impulsfrequenz beträgt 30 kc/s; somit ist dieser Speicher für sehr schnelle Maschinen nicht geeignet. Es ist jedoch anzunehmen, daß im Verlaufe weiterer Entwicklungsarbeiten auch größere Geschwindigkeiten erzielt werden können.

Dieser Speicher zeichnet sich durch große Einfachheit und Betriebssicherheit aus.

5.39. Chemische Speicherung

BOWMAN (Pittsburg) wies 1949 auf die Möglichkeit hin, Ja-Nein-Werte in chemischen Zellen zu speichern [53]; solche Zellen ähneln im Prinzip einem Akkumulator. BOWMAN beschreibt drei verschiedene Prinzipien, die zur Verwendung kommen können; in jedem Fall haben die verwendeten Zellen sehr kleine Ausmaße (Größenordnung 1 mm) und sind überaus einfach gebaut, so daß in einem Speicher leicht 10^5 oder gar 10^6 Zellen verwendet werden können. Eine Schwierigkeit bildet die Auswahl der gewünschten Zelle. Ferner sieht man vorerst noch keine Möglichkeit, die zum Schreiben benötigte Zeit wesentlich unter 1 ms zu reduzieren.

Dieser Speicher befindet sich in den ersten Anfängen der Entwicklung, und es ist vorläufig nicht vorherzusagen, ob er eine Bedeutung erlangen wird.

5.4. *Das Leitwerk*

Wie in § 2 dargelegt wurde, dient das Leitwerk dazu, die Befehle in der richtigen Reihenfolge aus dem Befehlsspeicher abzulesen und danach in den übrigen Teilen des Rechenautomaten die nötigen Operationen auszulösen. Das Leitwerk zerfällt somit in Befehlsspeicher und Operationssteuerung.

Die Befehle können in einem gesonderten Speicher registriert sein, oder es kann hiefür der auch für die Zahlen verwendete Speicher herangezogen werden. Die beiden Fälle geben dem Leitwerk einen unterschiedlichen Charakter und werden hier getrennt behandelt.

5.41. Der gesonderte Befehlsspeicher

Die zuerst verwendete Methode zur Speicherung von Befehlen war ein Lochstreifen, von welchem die Befehle in der vorgegebenen Reihenfolge abgetastet werden. Die Abtastung kann ähnlich dem in Fernschreibereinrichtungen verwendeten Verfahren erfolgen [1], [3]. Sollen neben dem Hauptrechenplan auch Unterpläne verwendet werden, so werden mehrere Abtaster vorgesehen, die durch Befehle im Hauptplan aufgerufen werden. Diese Pläne können nach Wunsch zyklisch sein, indem sie einen endlosen Lochstreifen verwenden, der auf einem Gestell aufgespannt ist und damit eine Länge bis zu 50 oder 100 m haben kann. Ein nichtzyklischer Rechenplan wird auf eine Rolle aufgewickelt und kann somit in fast beliebiger Länge gefertigt werden.

Dieser Befehlsspeicher ist jedoch in seiner Arbeitsgeschwindigkeit beschränkt, indem selbst bei sorgfältigster mechanischer Ausführung pro Sekunde nicht mehr als etwa 500 Ja-Nein-Werte abgetastet werden können, was etwa

25 Ein-Adreß-Befehlen entspricht. Ferner ist die Suchzeit für einen beliebigen, nicht in der Reihenfolge liegenden Befehl sehr lange, so daß Sprungbefehle nur bei kurzen Rechenplänen angewendet werden können. (Dieser Nachteil wird durch Verwendung einer größeren Zahl von Abtastern allerdings bis zu einem gewissen Grade kompensiert; doch bleibt der Anwendungsbereich eines solchen Befehlsspeichers auf langsame Maschinen beschränkt.)

Die Verwendung von magnetischen Bändern an Stelle von Lochstreifen mildert die erwähnten Einschränkungen etwas, läßt sie aber prinzipiell bestehen. Eine wesentliche Verbesserung der Situation entsteht jedoch, sobald die Befehle in einen Speicher gemäß § 5.3 gegeben werden, wodurch Ablese- und Suchzeit fast beliebig verkürzt werden können und somit auch mit größten Rechengeschwindigkeiten Schritt halten. So besitzt der Rechenautomat Mark III [4], [53] eine gesonderte magnetische Trommel zur Speicherung der Befehle, deren Suchzeit der Rechengeschwindigkeit genau angepaßt ist.

In diesem Abschnitt muß noch das Verfahren der Speicherung von Befehlen in Form einer Verdrahtung erwähnt werden. Der in [1] beschriebene Rechenautomark Mark I verwendet für kurze Unterpläne Schrittschalter, wobei jeder Schritt einem Befehl entspricht; jeder Befehl wird vor Beginn der Rechnung durch Einstecken von Kabeln festgelegt. Auch eine feste Verdrahtung für oft gebrauchte Unterpläne ist verwendbar. In ähnlicher Weise arbeitete früher das Leitwerk des ersten elektronischen Rechenautomaten, ENIAC [57].

5.42. Befehle im Zahlenspeicher

Nach dem heute bevorzugten Verfahren werden Befehle und Zahlen, welche dann die gemeinsame Benennung «Wort» tragen, im selben Speicher gespeichert. Im allgemeinen bietet eine Speicherzelle Raum für einen oder zwei Befehle. Das Leitwerk besitzt nun zwei Arbeitsphasen; in der ersten wird der nächste Befehl dem Speicher entnommen, und in der zweiten wird die befohlene Operation ausgeführt, was im allgemeinen wieder die Entnahme einer Zahl aus dem Speicher bedingt. Vom Speicher müssen somit die Wörter sowohl zum Leitwerk als auch zum Rechenwerk fließen können. Die Zelle, aus der nun der nächste Befehl zu entnehmen ist, wird durch einen Zähler gekennzeichnet, dessen Inhalt nach jeder Operation um 1 erhöht wird[1]). Ein Sprungbefehl veranlaßt, daß eine neue Zahl in diesen Zähler eingegeben wird.

Diese Art der Befehlsspeicherung gewährleistet eine gute Ausgeglichenheit der Rechenzeiten, der Suchzeiten für die Befehle und der für einen Sprung benötigten Zeit; ferner bieten sich dem Mathematiker bedeutende Möglichkeiten in der Planfertigung, was in § 4.6 ausführlich besprochen ist. Dagegen wird der Rechenprozeß etwas verlangsamt, weil dem Speicher nach jeder Operation ein neuer Befehl entnommen werden muß.

---

[1]) Im Falle von 4-Adreß-Befehlen (siehe § 4.51) ist das Verfahren abweichend.

5.43. Die Operationensteuerung

Die dem Speicher entnommenen Befehle enthalten eine oder mehrere Adressen sowie einen Operationsbefehl. Im allgemeinen sind etwa 20 verschiedene Operationsbefehle möglich; sie werden mittels einer Pyramide oder einer Matrix (vgl. § 5.32 und 5.33) entschlüsselt. Daraufhin wird eine für jede Operation gesondert vorhandene Schaltung angesteuert, welche ihrerseits im Rechenwerk die zugehörigen Funktionen auslöst, das heißt insbesondere Schaltröhren öffnet und schließt. Für die Ausführung dieser Schaltung besteht eine große Fülle von Möglichkeiten, und jeder Konstrukteur wird eine individuelle Lösung finden. Das zentrale Glied ist meist ein *Ring* (vgl. § 5.16) oder ein Zähler, welcher in bestimmten Abständen vorgerückt wird und in jeder Stellung gewisse Schaltröhren betätigt.

In der Fertigung des Rechenplanes spielen die bedingten Befehle (vgl. § 4.3) eine bedeutende Rolle. Deren schaltungstechnische Realisierung ist durchaus trivial und braucht kaum erwähnt zu werden; denn sie besteht lediglich aus einer Anordnung von Schaltröhren am Eingang der Steuerung der betreffenden Operation.

5.5. *Eingang und Ausgang*

Ein- und Ausgang stellen die Verbindung des Rechenautomaten mit der Außenwelt dar; ferner kann der Lochstreifen oder das magnetische Band, falls Ein- und Ausgang mit solchen arbeiten, als Träger der sogenannten äußeren Speicherung (vgl. § 2.2) verwendet werden. Anderseits wird auf die Verwendung eines solchen Bindegliedes oft verzichtet.

Falls Befehle und Zahlen in einem getrennten Speicher untergebracht sind, ist meist für beide ein gesonderter Eingang vorgesehen.

5.51. Direkter und indirekter Ein- und Ausgang

Die einfachste Art des Einganges ist eine Tastatur, welche Zahlen direkt ins Rechenwerk oder in den Speicher gibt. Dieses Verfahren genügt bezüglich der Schnelligkeit und der Fehlersicherheit nur bescheidensten Ansprüchen; jedoch ist es als zusätzliche Einrichtung zur Ausführung von Kontrolloperationen oder kurzen Rechnungen in jeder Maschine sehr zweckmäßig.

Die analoge Form des Ausganges ist ein Lampenfeld, welches optisch abgelesen wird; hierzu ist dasselbe zu bemerken wie zur Tastatur. — Weit leistungsfähiger ist die Verwendung einer elektrischen Schreibmaschine, da eine solche 10—15 Ziffern pro Sekunde drucken kann. Im allgemeinen werden handelsübliche Modelle verwendet, und es werden Zugmagnete zur Betätigung der Tasten angebracht. Diese Magnete ihrerseits werden in geeigneter Weise durch die im Rechenwerk oder in einem gesonderten Register enthaltenen Zahlen gesteuert. Der Befehl zum Drucken wird in den Rechenplan einbezogen.

Für einen schnell arbeitenden Rechenautomaten ist jedoch auch dieses Verfahren noch nicht zweckmäßig; denn im Verlaufe der Lösung eines Problems fallen oft in kurzer Zeit zahlreiche Resultate an, während andere Perioden wieder ausschließlich der Berechnung dienen und keine Resultate ergeben. Da nun das Drucken immerhin eine gewisse Zeit beansprucht, so sind sowohl Rechenautomat als auch Druckwerk schlecht ausgenützt. Die beste Lösung ist daher die Zwischenschaltung eines speichernden Mediums, welches eine beliebige Menge von Resultaten aufnehmen kann, die alsdann nach Bedarf im Druckwerk reproduziert werden. Dieser Prozeß ist unabhängig vom Arbeiten des Rechenautomaten und kann vom Bedienungspersonal so organisiert werden, daß die vorhandenen Apparate bestmöglich ausgenützt sind. Dasselbe Medium kann zur Aufzeichnung der in das Rechengerät einzugebenden Zahlen verwendet werden; die Aufzeichnung erfolgt ebenfalls an einem vom Rechengerät gesonderten Apparat.

Für diesen Zweck kommen Lochstreifen oder magnetische Impulsträger in Betracht.

5.52. Lochstreifen

Wie bereits bei der Besprechung des Leitwerks erläutert wurde, können Lochstreifen als Träger numerischer Informationen verwendet werden. Oft werden diese im Verein mit den handelsüblichen Fernschreibereinrichtungen verwendet; diese sind in der Lage, pro Sekunde 5—10 Ziffern zu stanzen oder abzutasten. Zur Übertragung der Eingangswerte für eine Berechnung erfolgt die Lochung durch einen sogenannten Handstanzer, der zur Bedienung eine Tastatur besitzt; die gelochten Streifen werden alsdann durch das Rechengerät abgetastet. Die Resultate anderseits gelangen auf einen durch das Rechengerät gesteuerten Locher; die Resultatstreifen können alsdann auf einen mit einer Schreibmaschine kombinierten Abtaster gegeben werden, welcher ebenfalls einen Teil der Fernschreibereinrichtungen darstellt, oder sie können wieder dem Rechengerät zugeführt werden (bei Verwendung als äußerer Speicher).

Der Vorteil dieses Verfahrens besteht in seiner guten Betriebssicherheit sowie in der Verwendungsmöglichkeit handelsüblicher Apparate; doch ist die Schreib- und Abtastgeschwindigkeit für viele Zwecke ungenügend.

Lochstreifen werden häufig durch Loch*karten* ersetzt oder ergänzt, welche in ähnlicher Weise verwendet werden.

5.53. Magnetische Impulsträger

Bedeutend höhere Geschwindigkeiten erzielen magnetische Impulsträger in Form von dünnen Stahldrähten oder von Papierbändern mit einer Eisenoxydbelegung. (Solche Medien finden heute in der Tonaufzeichnung eine vielseitige Verwendung.) Die Aufzeichnung erfolgt in Form von Impulsen und gleicht im wesentlichen dem in § 5.35 beschriebenen Verfahren; auch die zur Verwendung gelangende Schaltungstechnik ist prinzipiell dieselbe. Es ist jedoch zu beachten, daß hier die Magnetköpfe den Impulsträger unmittelbar berühren und daher etwas anders gestaltet sind. Daher kann auch die Impulsdichte erhöht werden, und es ist leicht möglich, 2—4 Impulse pro Millimeter aufzuzeichnen.

Soll auf einen Befehl hin jeweils eine einzelne Zahl abgelesen werden, so muß der Tonträger in kurzer Zeit auf seine volle Geschwindigkeit von 100 oder gar 200 cm/s beschleunigt und nach Durchlaufen einer Strecke von etwa 2.cm, also nach weniger als 10 ms, wieder abgebremst werden. Dies stellt nicht nur an die Zerreißfestigkeit des Trägers selbst erhebliche Anforderungen, sondern erheischt die Konstruktion komplizierter Antriebe mit magnetischen Kupplungen. Dieses Problem ist auf mannigfache Weise gelöst worden (siehe zum Beispiel [4]), doch scheint bisher keine wirklich befriedigende Ausführung vorzuliegen. Etwas günstiger liegt die Situation, wenn jeweils ganze Gruppen von Zahlen abgelesen werden, da in diesem Fall eine so scharfe Beschleunigung nicht erforderlich ist.

Magnetische Impulsträger können nach Gebrauch gelöscht und fast beliebig oft wiederverwendet werden.

Übersicht über die im Betrieb oder im Bau befindlichen Rechenautomaten
(Stand Dezember 1949)

Bezeichnung	Erbauer	Standort	Jahr der Fertigstellung	Zahlsystem; Stellenzahl	Art des Speichers; Kapazität	Art der Befehlsgebung	Impulsfrequenz	Suchzeit	Rechenwerk in Serie (S) oder parallel (P); Multiplikationszeit	Bemerkungen	Literatur-hinweise
Automatic Sequence Controlled Calculator (Mark I)	AIKEN, mit International Business Machines	Cambridge, Mass., USA.	1944	dezimal 23	Z 72	Befehls-streifen 2-Adr.		O	P 6 s	Arbeitet mit Zählern; 3000 Relais	1, 12
ENIAC (Electronic Numerical Integrator and Calculator)	University of Pennsylvania, USA.	Aberdeen, Md., USA.	1945	dezimal 10	F 20	2-Adr.	50 kc/s	einige ms	P 5,6 ms	18000 Röhren	12, 19, 28, 39, 46, 52, 75
Z 4	ZUSE (Neukirchen, Deutschland)	ETH., Zürich	1945	dual 23	M 64	Befehls-Streifen 1-Adr.	35 c/s	½ s	P 2 s	2000 Relais; gleitendes Komma Neukonstruktion 1950	36, 66
Bell Relay Computer, Model V	Bell Telephone Co.	Aberdeen, Md., USA.	1946	dezimal 7	R	Befehls-Streifen 3-Adr.		O	P 1 s	9000 Relais; gleitendes Komma; außerordentlich betriebssicher	6, 8, 52
Selective Sequence Electronic Calculator	International Business Machines	New York USA.	1948	dezimal 14	F; R 150	Befehls-streifen und Speicher 4-Adr.	50 kc/s	einige ms	P 20 ms (inkl. Suchzeit)	12500 Röhren, 20000 Relais	32
Mark II Calculator	AIKEN, mit Harvard University	Dahlgren, Va., USA.	1948	dezimal 10	R 100	Befehls-streifen 1-Adr.	60 c/s	O	P 800 ms	12000 Relais; gleitendes Komma; keine direkte Division	3, 52

Übersicht über die im Betrieb oder im Bau befindlichen Rechenautomaten
(Stand Dezember 1949)

Fortsetzung

Bezeichnung	Erbauer	Standort	Jahr der Fertigstellung	Zahlsystem; Stellenzahl	Art des Speichers; Kapazität	Art der Befehlsgebung	Impulsfrequenz	Suchzeit	Rechenwerk in Serie (S) oder parallel (P); Multiplikationszeit	Bemerkungen	Literatur-hinweise
EDSAC (Electronic Delay Storage Automatic Calculator)	Cambridge University (WILKES)	Cambridge England	1949	dual 34	U 512	Zahlen-speicher 1-Adr.	500 kc/s	0,5 ms	S	3000 Röhren, darunter zahlreiche Dioden; keine direkte Division	58, 59, 60, 61, 62
BINAC	Electronic Control Co., Philadelphia (ECKERT, MAUCHLY)	Manhattan Beach, Calif. (Northrop Aircraft Co.)	1949	dual 30	U 512	Zahlen-speicher 1-Adr.	4 Mc/s	0,25 ms	S ca. 500 μs	Zwei identische Maschinen zusammengeschaltet (vgl. § 4.9); je 750 Röhren, nebst zahlreichen Kristallen	10
—	University of Manchester, England (WILLIAMS)	Manchester	1949	dual	W 128	Zahlen-speicher 1-Adr.		O	S	2100 Röhren, davon viele Dioden; Gerät vorwiegend für elektrische Versuche	33, 63
Mark III Calculator	AIKEN, mit Harvard University	Cambridge, Mass., USA.	1950	dezimal 16	T 4200	Befehls-speicher 3-Adr.	28 kc/s	4,3 bzw. 50 ms	S 13,2 ms	4500 Röhren, 2000 Relais. Speicher in 200 Zellen von kurzer und 4000 Zellen von längerer Suchzeit gegliedert. Keine direkte Division	4, 47, 53

7

Übersicht über die im Betrieb oder im Bau befindlichen Rechenautomaten
(Stand Dezember 1949)

Fortsetzung

Beze chnung	Erbauer	Standort	Jahr der Fertigstellung	Zahlsystem; Stellenzahl	Art des Speichers; Kapazität	Art der Befehlsgebung	Impulsfrequenz	Suchzeit	Rechenwerk in Serie (S) oder parallel (P); Multiplikationszeit	Bemerkungen	Literatur-hinweise
Interim	National Bureau of Standards	Washington, D. C., USA.	*	dual 43	U 512	Zahlen-speicher 4-Adr.	1 Mc/s	0,2 ms	S 3 ms		9
IAS	Institute for Advanced Study (von Neumann)	Princeton N. J., USA.	*	dual 39	W 1024	Zahlen-speicher 1-Adr.		O	P 120 μs	2000 Röhren	13, 20, 24
—	Raytheon Co., Waltham, Mass., USA.	Waltham	*	dual 35	U 4000	Zahlen-speicher 4-Adr.	2 Mc/s	0,2 ms	P ca. 1 ms	Zirka 8000 Röhren, zirka 10000 Kristalle; hoch-kompliziertes Gerät. Spezielle Rechenkontrolle (vgl. § 4.9)	15, 16, 53
—	General Electric Co.	Syracuse, N. Y., USA.	*	dezimal 8	T 4000	Zahlen-speicher 4-Adr.	100 kc/s	33 ms	P 800 μs	800 Röhren, zahl-reiche Kristalle	53
ACE (Automatic Calculating Engine)	National Physical Laboratory	Teddington, England	*	dual	U	3-Adr.	1 Mc/s	0,5 ms	S ca. 1 ms		
UNIVAC	Electronic Control Co., Philadelphia (Eckert, Mauchly)	Philadelphia, USA.	*	dezimal 11	U 1000	Zahlen-speicher 1-Adr.	2 Mc/s	0,2 ms	S	3500 Röhren, zahlreiche Kristalle; Gerät für kommerzielle Zwecke	51

Übersicht über die im Betrieb oder im Bau befindlichen Rechenautomaten

(Stand Dezember 1949)

Fortsetzung

Bezeichnung	Erbauer	Standort	Jahr der Fertigstellung	Zahlsystem; Stellenzahl	Art des Speichers; Kapazität	Art der Befehlsgebung	Impulsfrequenz	Suchzeit	Rechenwerk in Serie (S) oder parallel (P); Multiplikationszeit	Bemerkungen	Literaturhinweise
ARC (Automatic Relay Compter)	King's College London (BOOTH)	Welwyn Garden City, England	*	dual	T				P 0,3 s	300 Relais	17
EDVAC (Electronic Discrete Variable Automatic Calculator)	University of Pennsylvania (Moore School)	Aberdeen, Md., USA.	*	dual	U 1024	Zahlenspeicher 4-Adr.	1 Mc/s	0,2 ms	S 3 ms	3500 Röhren, viele Kristalle	39, 52

Erklärungen zu vorstehender Tabelle

Verwendete Zeichen und Abkürzungen:

* Gerät noch nicht fertiggestellt
F Flip-Flop
M Mechanische Schaltglieder
R Relais
T Magnetische Trommeln
U Ultraschall-Leitungen
W Williams-Tube
Z Mechanische Zähler
O Suchzeit verschwindend gegenüber Operationszeit

In der Kolonne «Art der Befehlsgebung» ist die Art der *Speicherung der Befehle* sowie die Natur der Befehle angegeben.

Die Zahlen unter «Literaturhinweise» beziehen sich auf das beigegebene Literaturverzeichnis.

NB. Die Übersicht kann keinen Anspruch auf Vollständigkeit erheben, da viele Entwicklungen aus militärischen Gründen geheimgehalten werden.

LITERATURVERZEICHNIS

[1] Aiken, H. H., *Manual of Operation for the Automatic Sequence Controlled Calculator (Mark I)* (Annals of the Computation Laboratory of Harvard University, Bd. 1) (Cambridge, Mass., 1946), 561 S.

[2] Aiken, H. H., *Tables of the Bessel Functions of the First Kind* (Annals of the Computation Laboratory of Harvard University, Bd. 3f.) (Harvard University Press, Cambridge, Mass., 1947f.).

[3] Aiken, H. H., *Description of a Relay Calculator (Mark II)* (Annals of the Computation Laboratory of Harvard University, Bd. 24) (Cambridge, Mass., 1949), 366 S.

[4] Aiken, H. H., *Manual of Mark III*[1]).

[5]+[2]) Aiken, H. H., *Progress Reports of the Harvard Computation Laboratory*, Bd. 2 (Dezember 1948), Bd. 3 (März 1949), Bd. 4 (Juni 1949) Bd. 5 (September 1949) (Cambridge, Mass., 1948/49).

[6] Alt, F. L., *A Bell Telephone Laboratories' Computing Machine*, MTAC[3]) *3*, 1—13 und 69—84 (1948).

[7] Andrews, E. G., *The Bell Computer, Model VI*, Electr. Eng. *68*, 751—756 (1949).

[8] Andrews, E. G., *Use of the Relay Digital Computer (Bell)*, Electr. Eng. *69*, 158—163 (1950).

[9] Anonymus, *NBS Interim Computer*, Techn. News Bull. NBS *33*, 16—17 (1949).

[10] Auerbach, F. L., Eckert, J. P., Shaw, R. F., und Sheppard, C. B., *Mercury Delay Lines Using a Pulse Rate of Several Megacycles*, Proc. Inst. Radio Eng. *37*, 855—861 (1949/II).

[11] Bergmann, S., *Punch Card Machine Methods Applied to the Solution of the Torsion Problem*, Quart. appl. Math. *5*, 69—81 (1947).

[12] Berkeley, E. C., *Giant Brains or Machines that Think* (John Wiley & Sons, New York 1949), 270 S.

[13]+ Bigelow, J. H., Panagos, P., Rubinoff, M., und Ware, W. H., *First Progress Report on a Multichannel Magnetic Drum* (Institute for advanced Study, Princeton, N. J., 1948).

[14] Birkhoff, G., *Lattice Theory* (The American Mathematical Society, New York, 1948), 283 S.

[15] Bloch, R. M., Campbell, R. V. D., und Ellis, M., *The Logical Design of the Raytheon Computer*, MTAC *3*, 286—295 (1948).

[16] Bloch, R. M., Campbell, R. V. D., und Ellis, M., *General Design Considerations for the Raytheon Computer*, MTAC *3*, 317—323 (1948).

[17] Booth, A. D., *A Magnetic Digital Storage System*, Electronic Eng. *21*, 234—238 (1949).

[18] Brown, D. R., *Rectifier Networks for Multiposition Switching*, Proc. Inst. Radio Eng. *37*, 139 (1949/I).

[19] Burks, A. W., *Electronic Computing Circuits of the ENIAC*, Proc. Inst. Radio Eng. *35*, 756—767 (1947/II).

---

[1]) Wird im Laufe des Jahres 1951 erscheinen.

[2]) Die mit + bezeichneten Arbeiten sind nicht allgemein zugänglich.

[3]) MTAC = Mathematical Tables and other Aids to Computation.

[20][+] BURKS, A. W., GOLDSTINE, H. H., und v. NEUMANN, J., *Preliminary Discussions of an Electronic Computing Instrument* (Institute for Advanced Study, Princeton, N. J., 1947), 42 S.

[21] DUSCHEK, A., *Über eine neue Art von algebraischen Bereichen*, Mh. Math. *52*, 89—123 (1948).

[22] COHEN, A. A., *Magnetic Drum Storage for Digital Information Processing System*, MTAC *4*, 31—39 (1950).

[23] ECKERT, W. J., *Punched Card Methods in Scientific Computation* (Watson Laboratory [IBM], New York, 1946), 136 S.

[24][+] GOLDSTINE, H. H., und v. NEUMANN, J., *Planning and Coding for an Electronic Computing Instrument*. Bd. *1* (69 S.), Bd. *2* (68 S.), Bd. *3* (23 S.) (Institute for Advanced Study, Princeton, N. J. 1947/48).

[25] HAEFF, A. V., *The Memory Tube and its Application to Electronic Computation*, MTAC *3*, 281—286 (1948).

[26] HAMMING, R. W., *Error Detecting and Error Correcting Codes*, The Bell Telephone System Technical Journal *26*, 147—160 (1950).

[27] HARRISON, J. O., *Piecewise Polynomial Approximation for Large-Scale Digital Calculators*, MTAC *3*, 400—407 (1949).

[28] HARTREE, D. R., *Computing Machines and Instruments* (University of Illinois Press, Urbana, Ill., 1949), 147 S.

[29] HILBERT, D., und ACKERMANN, W., *Grundzüge der theoretischen Logik*, 2. Aufl. (Springer, Berlin 1938), 135 S.

[30] HUNTINGTON, EMSLIE und HUGHES, *Ultrasonic Delay Lines*, J. Franklin Inst. *245*, 1—23 und 101—115 (1948).

[31] HUSKEY, H. D., *Characteristics of the Institute for Numerical Analysis Computer*, MTAC *4*, 103—108 (1950).

[32] *IBM-Selective Sequence Electronic Calculator Is Dedicated to the Aid of Science*, Business Machines (IBM-Zeitung), Montag, 15. März 1948 (12 S.).

[33] KILBURN, T., *The University of Manchester Universal High Speed Digital Computing Machine*, Nature *164*, 684—687 (1949).

[34] KOONS, L., und LUBKIN, S., *Conversion of Numbers from Decimal to Binary Form in the EDVAC*, MTAC *3*, 426—431 (1949).

[35] LUBKINS, S., *Decimal Point Location in Computing Machines*, MTAC *3*, 44—50 (1948).

[36] LYNDON, R. C., *The Zuse Computer*, MTAC *2*, 355—359 (1947).

[37] McPHERSON, J. L., *Applications of Large Scale Computing Machines to Statistical Work*, MTAC *3*, 121—126 (1948).

[38] METROPOLIS, N., und ULAM, S., *The Monte Carlo Method*, J. Am. statist. Ass. *44*, 335—341 (1949).

[39][+] *Theory and Techniques for Design of Electronic Digital Computers* (Lectures given at the Moore School, July 8 to August 31, 1946). Bde. 1—4 (total zirka 600 S. hektographiert) (University of Pennsylvania, Moore School of Electrical Engineering, Philadelphia, 1946).

[40] v. NEUMANN, J., und GOLDSTINE, H. H., *Inverting of Matrices of High Order*, Bull. Am. Math. Soc. *53*, 1021—1099 (1947).

[41] PAGE, C. H., *Digital Computer Switching Circuits*, Electronics *21*, 110—118 (1948).

[42] PARSONS, J. H., *Electronic Classifying, Cataloging, and Counting Systems*, Proc. Inst. Radio Eng. *37*, 564—568 (1949).

[43] PLECHL, O., und DUSCHEK, A., *Grundzüge einer Algebra der elektrischen Schaltungen*, Öster. Ing. Arch. *1946*.

[44] PÉRÈS, J., BRILLOUIN, L., und COUFFIGNAL, L., *Les grandes machines mathématiques*, Annal. Télécommun. *1948*.

[45] RAJCHMAN, J. A., *The Selectron*, MTAC *2*, 359—361 (1947).

[46] REITWIESNER, G. W., *An ENIAC Determination of π and e to more than 2000 Decimal Places*, MTAC *4*, 11—15 (1950).

[47] RUTISHAUSER, H., *Die neueste elektronische Rechenmaschine (Mark III)*, Neue Zürcher Zeitung (Mittwoch, 26. April 1950, Blatt 5).

[48] SHANNON, C. E., *A Symbolic Analysis of Relay and Switching Circuits*, Trans. Am. Inst. electr. Eng. *57*, 713—723 (1938).

[49] SHARPLESS, T. K., *High Speed N-Scale Counters*, Electronics *21*, 122—125 (1948).

[50]+ SMITH, C. V. L., *Mathematical Aspects of Computing Machines*, Monthly Research Reports of the Office of Naval Research. August 1948, S. 13—17.

[51] SNYDER, F. E., und LIVINGSTONE, H. M., *Coding of a Laplace Boundary Value Problem for the UNIVAC*, MTAC *3*, 341—350 (1949).

[52] *Proceedings of a Symposium on Large Scale Digital Computing Machinery* (Annals of the Computation Laboratory of Harvard University, Bd. 16) (Harvard University Press, Cambridge, Mass., 1948), 302 S.

[53] *Proceedings of the Second Symposium (September 1949) on Large Scale Digital Computing Machinery* (Annals of the Computation Laboratory of the Harvard University[1])).

[54] TODD, J., *Solution of Differential Equations by Recurrence Relations*, MTAC *4*, 39—44 (1950).

[55] WEST, C. F., und DETURK, J. E., *A Digital Computer for Scientific Applications*, Proc. Inst. Radio Eng. *36*, 1452—1460 (1948).

[56] WIENER, N., *Cybernetics* (John Wiley & Sons, New York 1949), 194 S.

[57] WILKES, M. V., *The ENIAC*, Electronic Eng. *19*, 104—108 (1947).

[58] WILKES, M. V., und RENWICK, W., *An Ultrasonic Memory Unit for the EDSAC*, Electronic Instr. *20*, 208—213 (1948).

[59] WILKES, M. V., *Programme Design for a High Speed Automatic Calculating Machine*, J. sci. Instr. Physics Ind. *26*, 217—220 (1949).

[60] WILKES, M. V., *Electronic Calculating Machine Development in Cambridge*, Nature *164*, 557—558 (1949).

[61] WILKES, M. V., und RENWICK, W., *The EDSAC, an Electronic Calculating Machine*, J. sci. Instr. Physics Ind. *26*, 385—391 (1949).

[62] WILKES, M. V., und RENWICK, W., *The EDSAC*, MTAC *4*, 61—65 (1950).

[63] WILLIAMS, F. C., und KILBURN, T., *A Storage System for Use with Binary Digital Computing Machines*, Proc. Inst. electr. Eng. *96*/III, 81—100 (1949).

[64] WOO, W. D., und Wang, A. W., *Static Magnetic Storage and Delay Line*, J. appl. Phys. *21*, 49—54 (1950).

[65] ZUSE, K., *Über den allgemeinen Plankalkül als Mittel zur Formulierung schematisch kombinatorischer Aufgaben*, Arch. Math. *1*, 441—449 (1948/49).

[66] ZUSE, K. (Beschreibung des Rechengerätes von Zuse) Der Wirtschaft Spiegel, Technisches Sonderheft, März 1948.

[67] ZUSE, K., Verschiedene unveröffentlichte Mitteilungen.

---

[1]) Wird Ende 1950 oder anfangs 1951 erscheinen.

Birkhäuser Verlag ✳ *Basel und Stuttgart*

Mitteilungen aus dem Institut für angewandte Mathematik an der Eidgenössischen Technischen Hochschule Zürich

Herausgegeben von Prof. Dr. E. Stiefel

Nr. ❶ **Entwurf eines elektronischen Rechengerätes** unter besonderer Berücksichtigung der Erfordernis eines minimalen Materialaufwandes bei gegebener mathematischer Leistungsfähigkeit. Von *Ambros P. Speiser*. (3. Auflage 1957.) 67 Seiten. Broschiert Fr. 6.75 (DM 6.75).

Das Buch ist aus dem Bedürfnis heraus entstanden, einen programmgesteuerten Rechenautomaten für die Verwendung in einem kleinen bis mittleren mathematischen Institut zu schaffen. Der Entwurf sieht 1000 Elektronenröhren und 300 elektromagnetische Relais vor; als Speicher dient eine magnetische Trommel. Es zeigt sich dabei, dass das Verhältnis von Aufwand zu Leistung für ein solches Gerät wesentlich günstiger ist als im Fall der heute fast ausschliesslich gebauten Grossmaschinen.

Nr. ❷ **Programmgesteuerte digitale Rechengeräte (elektronische Rechenmaschinen).** Von *Heinz Rutishauser, Ambros Speiser* und *Eduard Stiefel*. (1951.) 102 Seiten. Broschiert Fr. 8.85 (DM 8.85).

Inhalt: Grundlagen und wissenschaftliche Bedeutung – Organisation und Arbeitsweise – Arithmetische Prinzipien – Vorbereitung von Rechenplänen – Physikalische Grundlagen.
Vergriffen.

Nr. ❸ **Automatische Rechenplanfertigung bei programmgesteuerten Rechenmaschinen.** Von *Heinz Rutishauser*. Nachdruck 1956. 45 Seiten. Broschiert Fr. 5.70 (DM 5.70).

Der Verfasser zeigt, wie der Rechenautomat selbst als Planfertigungsgerät benutzt werden kann. Das Ziel ist die Verkürzung der Vorbereitungszeit und insbesondere die Elimination manueller Arbeit und damit die Beseitigung von Fehlerquellen.

(N. J. Lehmann, *Z. angew. Math. Mech.*)